新潮新書

岩田清文 IWATA Kiyofumi
武居智久 TAKEI Tomohisa
尾上定正 OUE Sadamasa
兼原信克 KANEHARA Nobukatsu

自衛隊最高幹部が語る

令和の国防

901

新潮社

はじめに

令和・日本の国際戦略環境は厳しい。原因は、天翔ける龍となった中国の台頭にある。今の中国には、工業化初期の国が陥りがちな過ち、すなわち過剰なナショナリズム、力への過信、領土と勢力圏の拡張への野心といった症状が見て取れる。

中国は、私たちと同じ自由主義的な価値観を共有しない。人はみな幸せになるために生まれてくる。一人では生きていけない人間は、良心に従って信頼で結ばれた社会を作る。権力は人びとに奉仕する道具に過ぎない。

この当たり前の考え方が、今の中国には理解できない。依然として、世界は弱肉強食と断じ、力とカネにものを言わせた権力政治を信奉している。そして自ら国際秩序を作り出し、その覇者となる野心を隠さない。

既に中国の経済規模は日本の3倍、米国の7割を超えた。最早、米国の周りに団結する以外、日本をはじめとする西側諸国が中国と対峙するすべはない。中国が政治的に成熟し、責任ある国家となるのは当分先のことだろう。

この圧倒的な圧迫感は、日本が明治時代に帝政ロシアに怯えたり、三国干渉時に独仏露の欧州列強から感じたりしたものと同じである。日本の安全保障環境は、100年ぶりに切迫してきている。明治の日本は、日英同盟を支えにして帝政ロシアとの関係をのりきり、戦後は日米同盟を支えにしてソ連邦との関係をのりきった。21世紀の日本は、日米同盟を支えにして中国との関係をのりきれるだろうか。

21世紀の国際社会は、19世紀の国際社会とは異なる。ジャングルの掟は廃れ、自由主義的な国際秩序が確立している。自由と民主主義と平和を守るためには、自由主義諸国を糾合する大戦略が必要だ。アジアの自由主義国家を代表して、それを描けるのは日本である。

日本は、同盟国である米国とともに地域の戦略的安定を確保し、自衛隊を祖国防衛と国際平和のために戦える軍隊に鍛え上げ、自由貿易の旗を高く掲げ、地域の経済統合を進め、個人の尊厳の絶対的平等に立脚した自由主義的な価値観を守り、世界史を導くことのできる戦略を提示せねばならない。そして米国のリーダーシップの復権を促し、ともに西側を糾合するべきである。そうして初めて、超大国化しつつある中国との関係を安定させ、中国と諸々の利益調整が可能となる。それが21世紀の大戦略である。

しかし、島国だった日本は、7世紀の天智天皇の白村江の戦い、16世紀の秀吉の朝鮮出兵を除いて、近代にいたるまで、騎馬民族と漢民族の衝突が繰り返される大陸に関心を持たなかった。孤立した平和を楽しんできた日本は、世界史を演出するような大戦略を描くことが苦手である。しかし、そんなことはもう言っていられない。欧州の工業化時代に世界の指導的地位を失ったアジアが、再び世界史の中心に来ようとしている。

日本には、新しいタイプのリーダーが必要である。日本の国にはその力がある。問題はリーダーの育成である。英国風の議院内閣制をとる日本の総理大臣は、ある日、突然やってくる政局の後に、国会から選ばれて政府の頂点にパラシュート降下してくる。そのとき日本の最高指導者として準備ができている人は少ない。

総理大臣の椅子に座った瞬間から、1億2000万人の命、財産、幸せに対する責任が、総理の双肩にぎりぎりと食い込む。災害は、子どもであれ妊婦であれ老人であれ、瞬く間にその命を奪い去る。戦災は、その最たるものである。どんな災害でも300万人は死なないが、日本は20世紀の無謀な戦争でその数の人命を失った。あの過ちを繰り返すことは許されない。

安全保障、危機管理は、日ごろの備えがすべてである。孟子が言うように、国は、憂患に生き、安楽に死するのである。総理大臣は、その椅子に座った瞬間から、あらゆる危機に対する準備ができていなければならない。

残念ながら、これまで日本政府には、対外的な危機に対する準備がなかった。2013年、やっとNSC（国家安全保障会議）が立ち上がった。しかし、仏を作っても魂が入らなければ意味がない。魂とは、総理大臣による政治、外交、軍事、インテリジェンスの統括である。しかし、戦後の日本では、軍事が総理官邸から非常に遠かった。戦後日本の政軍関係は、軍が暴走した戦前とは真逆の意味で、とてもいびつだった。

もはや戦後75年である。自衛隊は国民から最も信頼される国家機関となった。同盟国の米国も、自由社会を支える責任を、アジア最大の同盟国である日本と分有することを望んでいる。

今、日本の政治指導者に最も求められている資質の一つは、軍事、戦略に関する幅広い常識である。戦略眼は、一朝一夕に身につくものではない。安倍晋三元総理は、1990年代に政治家が政策に関与するべきだと主張した「政策新人類」の世代に属する。それから30年、絶え間ない研鑽があったはずである。安倍元総理は、安全保障政策面で赫々たる成果を上げ、アジアにおいて堂々たる自由主義社会のリーダーとなった。

今日の若い政治家に、あるいは若い日本人に、世界最高水準にあるわが自衛隊最高幹部の考えを聞いてほしい。また、日本を代表する一流の軍人の意見が、外交、政治、経済を担う第一線の人々の意見と常日頃から混ざり合って、日本政治の「一般常識」になって欲しい。そうした思いから今回、私が個人的に尊敬申し上げている元自衛隊の最高幹部にお集まり頂き、座談会をお願いした。岩田清文元陸上幕僚長、武居智久元海上幕僚長、尾上定正元空自補給本部長は、日本のみならず国際的にも深い尊敬を集める陸将、海将、空将である。その戦略眼は地球的視野を持ち、軍事的知識も非常に深い。

私たちの世代は、最高学府である大学で、軍事や戦略を習わなかった。現代史も習わなかった。偏った知識しか与えられなかった。令和を担う若い人々には、現実主義に立った、国際的に通用する戦略観を持ってほしい。軍事的な常識も持ってほしい。堂々と胸を張って国際社会でリーダーシップを取れる人間になってほしい。日本国に奉職し40年近くの日々を経た今、心からそう思っている。

この座談会は、2020年6月30日に、東京・神楽坂の新潮社でなされたものである。バイデン米大統領の当選やイージス・アショアの配備計画廃棄はまだであったが、コロナ危機から始めて、朝鮮有事、台湾有事、核抑止、防衛産業の衰退、シビリアン・コントロールのための自衛隊の組織強靭化など、これから日本が取り組むべき喫緊の問題について、率直な意見を戦わせた。本書はその貴重な記録であるが、当時と事情が変わった部分、その後に議論を深めた部分については適宜、修正を施したことを付言しておく。また、肩書は原則として当時のものとした。

なお、本書の出版に当たっては、新潮新書編集部の横手大輔氏に大変お世話になった。横手氏の御助力無くして本書の上梓はなかった。この機会を借りて、深く御礼を申し上げたい。

兼原信克

2020年　師走

自衛隊最高幹部が語る令和の国防——目次

有事での統合幕僚長の役割

陸上総隊はなぜ作られたか

自衛隊と自衛隊員の法的位置づけを明確にせよ

日本の安全保障に対する10の提言

263

座談会参加者。左から尾上定正（空将）、武居智久（海将）、
岩田清文（陸将）、司会の兼原信克。

第1章　日本の戦略環境

兼原　本日は、陸海空の各自衛隊で、私が個人的にその戦略眼を信頼申し上げている「平成の名将」にお集まり頂きました。日本では、一流の軍人が国家安全保障戦略について論議したものが公になることが、諸外国に比べて非常に少ないと思います。しかし、言うまでもなく、近年の日本の置かれた戦略環境は非常に厳しいものがあります。

そこで、本日は日本の置かれた戦略環境を軍事的視点も踏まえて冷徹に見据えたうえで、国家安全保障戦略のあるべき姿について論議していきたいと思います。皆さん、現役の頃は政治的発言に対して抑制的であることを強いられていたと思いますが、もう退役されていますから、どうぞご自由にご発言ください（笑）。

まず、この第1章では、令和日本の戦略環境を全体としてスケッチしたいと思います。最初に、私の方で三つほど問題意識を設定します。

第一に、新型コロナウイルスが日本の安全保障や危機管理体制に与える影響です。

第二に、中国の急激な台頭です。南シナ海における、中国の力による一方的な現状変更は、最早、危険なレベルに入りつつある。本当に危機が勃発した際、日米同盟は機能するのか。また、米国が張り巡らせている日本、韓国、豪州、タイ、フィリピンとの太平洋の同盟網が機能するのか。アメリカの太平洋側の同盟網は、大西洋側のNATO（北大西洋条約機構）に比べて著しく脆弱です。台湾問題は特に重要な論点なので、台湾防衛の問題については章を代えて詳しく論じることにします。

三つ目が、「自由で開かれたインド太平洋」を見渡した大きな戦略の構図です。日米同盟の重要性は当然として、日本外交の広がりをどう考えていくか。アジア太平洋の友邦であるASEAN（東南アジア諸国連合）や豪州、これから超大国となる可能性を秘めたインド、クリミア半島併合後の制裁に苦しみながら中国との距離を詰めざるを得ないロシア、それから太平洋島嶼を領有し太平洋国家としての側面も持つイギリス、フランスなどとの関係をどう考えるか、です。

ということで、まずはポストコロナの地政学から考えます。新型コロナウイルスは炭疽菌などに比べて致死性は低いですが、国境を越えた人の移動を止め、サプライチェーンを寸断しました。国内でさえ人々は巣ごもりするようになり、国によっては厳しいロックダウンも敷かれた。

新型コロナウイルスは地政学のゲームチェンジャーと言えるのか。世界最大の死者を出しているアメリカの指導力は陰るのか。また、比較的早くコロナ禍の封じこめに成功した中国の国際的な影響力はどうなっていくのか。そして、日本の危機管理体制は本当に大丈夫なのか。そういう点について、率直なお話を聞ければと思っております。

では、元陸幕長の岩田さんからお願いします。

チャイナリスクを顕在化させた新型コロナウイルス

岩田　有難うございます。今日は、卓越した外交官であり、ご退官前は国家官僚として安倍政権を7年に亘り戦略的に支え続けてこられた尊敬する兼原さん、そして防大1年当時、同じ宿舎のフロアーで国防に関わる人生を共にスタートした同期の武居君、また統合幕僚監部勤務当時、共に様々な改革に取り組んだ頼れる後輩、尾上君と議論できることを本当に嬉しく思います。兼原さんには、平成25年に閣議決定された防衛計画の大綱策定において、陸上自衛隊が大改革を決定した際、多大なるご尽力を頂きました。そのような恩人に、国の在るべき方向についての話し合いの機会を設定頂いたことに御礼を申し上げます。

先ほど兼原さんから、自由に発言していいとお許しを頂いたので、今日は本音で話します。もし発言を踏み外した時は、同期の武居君がストッパーになってくれるでしょう（笑）。宜しくお願いします。

では本題に入りますが、新型コロナウイルスは、社会システムの変化を呼び起こす起爆剤になる、というふうに考えています。最も大きな変化は、脱グローバリゼーションおよび通信ネットワークへの依存が今後どんどん進むだろう、ということです。

経済性、効率性追求の姿勢は残しながらも、それ以上に重視されるのは、新たなパンデミック発生時のリスクコントロールです。その意味で、当面は脱グローバリゼーションの必要性が叫ばれて、その方向に向かって命の大切さの認識、経済の復興、社会に関する価値観や社会システムの変化というものが進んでいくものと予測されます。通信ネットワークに依存した形のリモートでの会合なども、どんどん増えるでしょう。

そうなった時、軍事的にはサイバー攻撃や軍事オペレーションの最中のブラックアウトなどが懸念されます。イラク戦争の際、米海兵隊が砂漠の真ん中で通信ネットワークが停止してしまったことがあります。ネットワークが止まった瞬間に、全般状況が見えなくなった。海兵隊の大隊長の発言にその時の描写がありますが、指揮車両の座席下に置いてあった紙地図を引っ張り出して「いま我々はどこにいるんだ?」と確認して、ふっと顔を上げるとイラク兵に囲まれていた。これはリアルな戦場の話ですが、社会全体がこういうブラックアウトに見舞われる危険性を孕《はら》んでいる。我々の社会にはそういう脆弱性があるんだということを認識しておく必要があろうかと思います。

国家としての生物兵器対応も見直すべきです。バイオテロ破壊工作に関しては、日本も政府が主導して一応の対策が講じられてきています。ただ、自衛隊は相手国の軍が生物兵器を使った時の防衛的なオペレーションを基本としているので、平時のテロ対策を主体とする警察・消防との連携が重要になっているのは確かです。

ロンドン・オリンピックの時は、イギリスの軍と警察が徹底的に連携して、これ以上ないほどのテロ対策をやったと聞いています。私が陸上幕僚長時代、イギリスの国防大臣と軍のナンバー2である国防副参謀長が来日し、千葉県の部隊にご案内したことがあります。この時の彼らの質問の多くは、「東京オリンピックのテロ対策を君たちはどうするんだ?」でした。彼らは「我々の常識を超えたテロがあるから本当に軍と警察との連携を徹底した方がいい」ということを強調していましたね。

アメリカ・ファーストは加速し、中国は膨張する

岩田　次に、アメリカの指導力ですが、アメリカ・ファーストは今後、さらに加速するだろうと思います。アメリカは自国の経済を立て直すニュー・ニューディール政策に集中し、今後ますます世界の警察官には戻れないという状況が続いていくでしょう。これは何も、トランプ大統領に始まったことではない。オバマ大統領が2013年9月、シリア内戦への軍事不介入を発表した時から、「もはやアメリカは世界の警察官ではない」という姿勢は明確でした。それまでにあった傾向が、コロナ禍によって先鋭化したに過ぎない。政治学者のイアン・ブレマー（Ian Bremmer）はもっと極端で、米中のデカップリングが深まって、アメリカは中国だけでなく欧州などその他の地域からも孤立し、世界におけるアメリカの力は弱まるというふうに予測しています。世界の秩序維持と安定のために、アメリカにこれまで同様の役割を期待していくのは無理がある。それを前提にしなければいけない時代に入ったと思っています。

その「アメリカ・ファースト」の一環として、米軍の海外駐留が見直される可能性は認識しておく必要がある。トランプ大統領を筆頭に、アメリカの国益に資する価値に比し、軍事プレゼンスは高くつく、と考える人たちが増えています。ドイツの駐留米軍も約１万２０００人削減されます（注：バイデン政権では見直しの可能性あり）。これは、ドイツがアメリカの求めている国防費のＧＤＰ２％までの負担をなかなか実行しないことに

岩田清文（いわた・きよふみ）
1957年生まれ。元陸将、陸上幕僚長。防衛大学校（電気工学）を卒業後、79年に陸上自衛隊に入隊。戦車部隊勤務などを経て、米陸軍指揮幕僚大学（カンザス州）にて学ぶ。第71戦車連隊長、陸上幕僚監部人事部長、第7師団長、統合幕僚副長、北部方面総監などを経て2013年に第34代陸上幕僚長に就任。2016年に退官。著書に『中国、日本侵攻のリアル』(飛鳥新社）がある。

対する当てつけだという見方もありますが、いずれにしても軍隊の海外駐留を安全保障上の必要性からではなく経済との関係、あるいは外交取引の観点から扱う、という流れが生じています。トランプ政権の周辺からは、在日米軍基地の駐留経費増額の話も出てきていますよね。これは非常に危うく、日本としては気をつける必要があろうかと思っています。

一方、中国に対する不信感は世界中でますます増大してくるだろうと思います。いまの中国の本質は、私は習近平主席の情報隠蔽体質と共産党独裁体制にあると思っています。米中対立は激化していますが、ドイツでもコロナ禍が広まる中で、「中国はここ数カ月で欧州を失った」という表現が新聞でなされている。中国がしっかりと責任を認めて謝れば話は変わってくるのでしょうが、責任を認めるどころかピンチをチャンスに変えようとしているのが今の中国です。いわゆる「健康のシルクロード」という形で、中国が推し進める「一帯一路」に有利になるようコロナ禍を利用して、一帯一路政策の躍進を図っています。

今回、我々が気づいたのは、マスクをはじめとした医療資器材の「中国依存」の危険性です。個人的にも以前から中国は安全保障上非常に危ないと思っていましたが、チャイナリスクが世界的共通認識になった点は、コロナ禍において数少ない良かった点の一つです。このマスク・医療資器材など、国民の生命に関わる産業等を始めとして、中国を対象としたサプライチェーンのリスク分散を図るべきです。バイタルな戦略資源や部品に至るまで、サプライチェーンの見直し及びリスクの分散化を図り、経済安全保障の視点からも中国の位置づけを明確にすべきです。米中対立が激化する中、日本は米国の様に、中国に対して全面対決できるほど国力はないし、地政学的にも経済的にも切りたくても切れる関係ではありません。しかし中国の「政経不可分」に対して日本がこれまで取って来た「政経分離」で誤魔化せる環境には、もはやないと思います。「安全保障は日米同盟に依存するが経済は中立」などという姿勢は、米国から見て虫が良すぎるというものでしょう。日本として、コロナ後、どう中国と向き合っていくかを方向付けすべき重要な時期に日本は直面していると思います。

最後のポイントである危機管理の部分では、「段取り8分、仕事2分」が肝心です。つまり、事前にどれだけ準備できるかにかかっている。その意味で、非常事態における国の統制や、私権の制限についても考え直す時に来ていると思っています。

今回のコロナ対応をざっと見ると、中国のように独裁的強権を行使した国もあれば、欧米のように民主主義国家ながらも罰則を付した統制を実行した国々もある。そして日本のようにお願いと依頼に基づくゆるやかな統制をした国もある。感染率等の数値だけ見ると「独裁」の方が望ましいと思う人もいるかも知れませんが、私は違うと思っています。民主主義は手間がかかりますが、自由と民主主義、人権の尊重は、どんな効率的な独裁よりもずっと価値がある。そこはゆるがせにするべきではない。

それでも、私権の制限というものについては、民主主義国家における非常時の危機管理体制のあり方と合わせて、しっかりと議論しておくべきだと思います。危機管理で一番大事なのは、政府に対する国民の信頼です。コロナ対策で評価の高い台湾政府は今回、情報公開の徹底によって台湾国民の信頼を勝ち得た。この情報公開の徹底が信頼性の基盤です。透明性に基づく信頼があったから、それなりに強い罰則規定があっても受け入れられた。

日本のメディアでちょっと情けないのが、非常時の危機管理の話をすると、即「憲法の緊急事態条項」の話になってしまい、イデオロギー対立で議論が進まなくなることです。むしろ憲法の話を最初は持ち出さず、我々は危機管理の際にどうすべきなのかの議論をした果てに、憲法に規定したほうがいいのであればやるし、規定してなくても済むならそのままにする、というように議論を反転させる必要がある。いつまでも入口論で止まっていていいはずがありません。

コロナウイルス禍でもらった「宿題」

兼原　次に元海幕長の武居さん、お願いします。

武居　岩田さんは、新型コロナウイルスは社会システムの変化を呼び起こす起爆剤になると述べられましたが、私はそれ以上にコロナウイルスが安全保障上のゲームチェンジャーになる可能性を指摘したいと思います。国内的にも世界的にもまだ収束は見えませんが、コロナウイルスが著しいスピードで中国・武漢から世界中に拡散していった状況を目の当たりにして、グローバルに人や物が動く時代における生物・化学兵器の脅威を実感しました。

生物化学兵器は1925年のジュネーブ議定書（窒息性ガス、毒性ガス又はこれらに類するガス及び細菌学的手段の戦争における使用の禁止に関する議定書）で使用禁止とされ、72年に生物兵器禁止条約、93年に化学兵器禁止条約が調印されましたが、条約遵守の強化措置が必要だなと思いました。他方で、その兵器が国際的に禁止されていても、政治が必要だと判断したら禁止されている兵器でも使われるという過去の教訓がありますので、使われた場合の対応を十分に考えておかないといけない。

軍事アナリストのポール・シャーレ（Paul Scharre）は、著書『Army of None』のなかで、将来完全自律化されたロボット兵器、いわゆる殺人ロボットが登場したとき、その使用が国際法で禁じられていたとしても、果たして我々は止められるだろうかと疑問を呈しています。直訳ですが、引用してみますと、「（AIシステムの）軍拡競争は防げるのか、それともすでに始まっているのか。すでに起こっているのであれば、止められるのか。危険な技術をコントロールしてきた人類の実績はまちまちだ。危険すぎるか非人道的な兵器を禁止しようとする試みは古代からあった。20世紀初頭に潜水艦や航空機を禁止しようとした試みを含め、これらの多くは失敗した。化学兵器の禁止のように成功した試みでさえ、バッシャール・アル＝アサドのシリアやサダム・フセインのイラクのような『ならず者政権』をほとんど阻止できていない」。

シャーレの問題意識は、新たに登場する軍事技術に国際法の観点からの検証は不可欠であるが、他方で国際法には限界があることも確かである、ということです。対日戦争において、アメリカ海軍が開発を終えたばかりの潜水艦をためらわずに対日通商破壊戦に投入したことも国際法違反でしたが、政治が必要と認めたならば、国際法によって禁止された兵器であっても、また未完成で倫理上の問題が未解決の兵器であっても、使う可能性を否定できない。ならず者政権は、いざとなったら条約なんて気にしません。

近年、生物兵器が実際に戦場で使用されたことはありませんから、世界のどの国でも生物兵器への脅威感が低下し、備えが不十分となっています。今後、安くて済む生物・化学兵器に備える必要性について、コロナウイルスは警鐘を鳴らしてくれました。国際法に違反していても使われることがあるのが生物・化学兵器ですから、その教訓を踏まえれば、ワクチンの開発が速やかにできるような制度の設置が必要だと思います。

特に自衛隊はどこも典型的な労働集約型の組織ですから、「密の世界」が不可避ですし、水上艦艇や潜水艦など海上自衛隊の部隊は特に密になりやすい。水上艦艇には外部から行われる生物化学兵器の攻撃から自艦を防護するための装置が付いていますが、艦内は循環式の通風ですから一旦内部の空気が汚染されれば全体に拡散してしまいます。何日間も浮上しないで行動する潜水艦は究極の「密の世界」です。そういう空間でウイルス感染者が一人でも出た場合にはどうするべきなのか。コロナウイルス事案から、危機管理のあり方を考えるという「宿題」をもらったと思っています。

今のままでは非常時の自衛隊をメンテナンスできない

武居　岩田さんは、新型コロナウイルスの封じ込めに当たって独裁的強権を行使した国として中国を挙げられましたが、中国という国は内政もさることながら、世界が中国のいわゆる「戦狼外交」を通じて感じたように、外交的にも極めて特異な国であることが明らかになりました。

「戦狼外交官」として知られた中国国務院外交部の報道官はもとより、世界中の在外中国公館の高位外交官が、半ば脅迫的な手法で相手国政府に圧力をかけた。これは今もやむところなく続いています。特に発生地が武漢だったことを強調するアメリカばかりでなく、発生源を特定するための調査の必要性に言及したオーストラリア政府に対する圧力は著しく強かった。一番の貿易相手国である中国をオーストラリアは批判しないと、中国は見下していたからでしょう。中国紙・環球時報の胡錫進編集長はSNSに、「豪州は問題を起こす国だ。靴の裏にこびりついたチューインガムのようなものだ」と書き込み、中国はオーストラリアをいつでも剥がして捨てることができると脅しました。成競業駐オーストラリア中国大使は、オーストラリアがこれ以上感染拡大の徹底調査を要求すればワインや牛肉の輸出への影響や、中国人旅行者のボイコットにつながりかねないと警告しました。実際、オーストラリアからの鉄鉱石の輸入は滞っています。中国はドイツにも同じような圧力をかけています。

中国は戦狼外交をカナダや欧州各地、南米でも展開している。南シナ海でも、海底資源開発を巡って強引な対応が目立つようになりました。45年ぶりに死者まで出したインド北部ラダック地方のガルワン渓谷におけるインド軍との衝突や、ブータンの一部地域の領有権主張も、新型コロナウイルス以降の戦狼外交の一環と考えて良いかもしれません。

私は、中国が脅迫的で高圧的な外交活動を世界中で一貫して行ったのは今回が初めてではないかと思います。これは恐らく、全国人民代表大会を控えた内政上の理由から、中国共産党がコロナ対策の国内的な失敗を払拭するための、対外的というより対内的なメッセージであったように思えます。たとえ中国が世界的な評判を一時的に損なったとしても、中国人民の共産党への批判をそらすことができる。尖閣諸島や南シナ海における現状変更の試みが強まった背景にも同じ理由があるのだろうと思います。

岩田さんも指摘したように、我々はサプライチェーンを過度に一極集中する弊害に今回気づかされました。日本の場合、医療でマスクの国内需要の約6割、ゴーグル、防護服の大半を中国からの輸入に依存していますし、そのほかのものでも家電製品の生産の拠点がほとんど中国に移っている。世界中が似たような状況ではないでしょうか。私も

武居智久(たけい・ともひさ)
1957年生まれ。元海将、海上幕僚長。防衛大学校（電気工学）を卒業後、79年に海上自衛隊入隊。筑波大学大学院地域研究研究科修了(地域研究学修士)、米国海軍大学指揮課程卒。海上幕僚監部防衛部長、大湊地方総監、海上幕僚副長、横須賀地方総監を経て、2014年に第32代海上幕僚長に就任。2016年に退官。2017年、米国海軍大学教授兼米国海軍作戦部長特別インターナショナルフェロー。現在、三波工業株式会社特別顧問。

非接触型の体温計を買おうとしましたが、中国経由で届くのに3カ月かかりました。中国への過度の依存は危機管理上大きな問題です。

新型コロナウイルスによって自衛隊に潜在している後方支援体制の脆弱性も明らかになりました。

海上自衛隊を例にして簡単に述べてみます。海上自衛隊は日本海軍と違って海軍工廠など自前の修理機能を持たず、装備品の維持整備を民間企業に頼っています。隊員が自らの力で整備できる範囲は限られます。特に艦船の場合は船体や搭載武器のほとんどの維持整備を造船所や武器修理会社など防衛関連企業に委託しています。

この防衛関連企業をとりまとめている組織に、一般社団法人・防衛装備工業会（防装工）というところがありますが、これは平時においては大変よく機能している。加盟している防衛産業の意見のとりまとめ、関連業種ごとの研究会など、素晴らしくよくやっていますが、これが新型コロナウイルスへの対応において、緊急時には機能的な限界があることが明らかになりました。

防装工は防衛関連企業の連絡調整や意見交換の目的を持つ任意団体であって、加盟会社を統制できず、防衛省に対して団体交渉的な役割は担えません。一般社団法人ですから、行政から監督指導はできない。また、24時間態勢で業務を回しているわけではなく、防衛省との間に緊急事態における連携や協力について取り決めもありません。したがって、緊急事態において、防装工は適時性・機動性に欠け、防衛省と防衛関連企業のパイプ役を担うのが精一杯の状態でした。

その一方で、経産省等は防装工を防衛関連企業の窓口と見なして、コロナウイルスに関する企業活動のあり方について注意を喚起し、防装工はそれを機械的にインターネットで加盟する企業に配布しただけでした。また、防衛省も1社ずつ連絡する手間を省くためか、防装工を窓口にするという手段をとりました。

海上自衛隊は装備品の維持整備の大きな部分を民間に依存していますから、緊急事態が起これば海上幕僚監部から関連する企業に対し何らかの指示なり依頼なりが行くべきなんでしょうけれども、いつまで待っても出てこない。つまり、防衛省と防装工、防衛産業の間には緊急時にも適用できる機能的な連携が存在していない。それが今回の新型コロナウイルスで明らかになりました。

2003年度から第二次安倍政権まで10年間連続で防衛費が前年度割れする予算状況が続いたなかで、正面装備の維持を優先してきた「皺寄《しわよ》せ」が後方分野に来て、後方分野が何年にもわたって機能不十分なままに置かれている。現役当時には見えなかったものが、自衛隊を辞めて一人の企業人となって初めて見えた気がしました。長く防衛力整備に携わってきた者として、大いに反省しています。

防装工に加盟している企業についても、たいへん脆弱な部分があります。企業の立場で考えてみてください。いま自衛隊の海外での活動が増えていますが、ソマリア沖での海賊対処活動やペルシャ湾での警戒監視を担う部隊に修理の所要が生じたとしても、新型コロナウイルス感染の危険を冒してまで会社は社員を現地に送り込めるでしょうか。国内ですら移動の自粛が言われている状況で、自社の社員を危険な地域に送り込むことなど、まず考えられません。会社には社員の安全を図る義務がありますから。

また、防衛産業を担う会社はいずれも目一杯手一杯で業務をしていて人的な余力がなく、優秀な社員を長期間海外に送り出すことは体質的にできにくくなっています。仮に、海外に展開中の部隊の修理に人を出せば、出入国時の隔離期間によってひと月以上にわたって国内業務がストップします。当然ながら、新型コロナウイルスに関する防装工からの調査に対して多くの企業は明確に海外派遣できない意思を示しました。自衛隊が独自の修理能力を持たない現状では、こうした緊急事態が再び起こった場合、自衛隊の可動率を損なう可能性があります。

さらに進めて、自衛隊が防衛出動を命ぜられた場合にどうなるか想像してみると、状況はさらに深刻になるだろうと思います。たとえば東シナ海で島嶼をめぐる軍事衝突が起き、政府が武力攻撃事態と認め、防衛出動を命ぜられた自衛隊の部隊が九州や沖縄で行動する場合、この地域（自衛隊法第103条第1項が規定する地域。略して「第一項地域」と呼ぶ。**注1**参照）では、都道府県知事は、防衛大臣等の要請に基づき物資の保管を命じ、収用することができます。それ以外の地域（第二項地域）でも、必要に応じて、医療、土木、建築、工事または輸送を生業とするものに業務従事命令を出すことができます。また、国民保護法（武力攻撃事態等における国民の保護のための措置に関する法律）を使って幅広い業種に命令を出すこともできます。

しかし、これに従わなかった場合でも、物資の保管命令違反以外は罰則規定はありません。第一項地域の外側にある修理会社が、戦闘が行われている第一項地域や、第二項地域における自衛隊装備品の修理を依頼された場合、戦争に巻き込まれる危険を冒してまでその場所に社員を送り込むことができるのでしょうか。コロナウイルスでもできなかったのですから、恐らくできないでしょう。私は強制力を伴う命令が出せるように

「自衛隊法を変えろ」とか「罰則規定を作れ」と言うつもりは全くありませんし、それ

注1　自衛隊法第百三条第一項では、防衛出動が命ぜられた部隊が行動する地域（「第一項地域」と呼ぶ）において、自衛隊の任務遂行上必要があると認められる場合に、都道府県知事は、防衛大臣等の要請に基づき、病院、診療所等の施設を管理し、土地、家屋、物資等を使用し、物資の生産、集荷、販売、配給、保管若しくは輸送を業とする者に対してその取り扱う物資の保管を命じ、又はこれらの物資を収用することができる、とされている。

また、自衛隊法第百三条第二項では、防衛出動中の部隊が活動する地域以外の地域（「第二項地域」と呼ぶ）においても、都道府県知事は、防衛大臣等の要請に基づき、自衛隊の任務遂行上特に必要があると認めるときは、防衛大臣が告示して定めた地域内に限り、施設の管理、土地等の使用若しくは物資の収用を行い、又は取扱物資の保管命令を発し、また、当該地域内にある医療、土木建築工事又は輸送を業とする者に対して、当該地域内においてこれらの者が現に従事している医療、土木建築工事又は輸送の業務と同種の業務で防衛大臣又は政令で定める者が指定したものに従事することを命ずることができる、とされている。

同条第十二項では、第二項地域で、業務従事命令により業務に従事した者がそのため死亡し、負傷し、疾病にかかり、障害の状態となった場合には、その者または遺族等に対して損害を補償する、とされている。

第一項地域、第二項地域とも、防衛大臣等の命令は強制できず、立入検査の拒否等や取扱物資の保管命令違反以外は罰則規定もない。

はプラクティカルでない。防衛省や自衛隊がかかる事態が起こる可能性をよく認識し、現在の法律や与えられた権限の中で緊急事態に対応できる態勢を平素から作っていくことが、今回のコロナ禍の重要な教訓であろうと思います。たとえば、いかなる時にも自力で継戦能力を維持するために、関連企業に予備自衛官をたくさん採用してもらい、いざというときは招集して対応する方策が現実的であろうと考えます。これは今後、防衛省や自衛隊の中で十分もまれるべきことだと思っております。

無人化、リモート化をさらに進めよ

兼原　では、元航空自衛隊補給本部長の尾上さん、お願いします。

尾上　はい。お二人は私が防衛大学校1年生の時の4年生で、しかも陸上幕僚長、海上幕僚長のご経験をお持ちですので、非常に恐縮しております。

コロナ禍の影響についてお二人から詳しくご説明頂きましたので、私からは要点のみ申し上げます。まず、このパンデミックはいまだ拡大中であり、世界中の死者や経済的なダメージについては未だ計り知れません。したがって、コロナ対策はもちろん重要ですが、同時に今後起きるであろう大きな変化、或いは深刻な危機に対する備えを、政府から国民一人ひとりまでしっかりと整えておく必要があるというのが第一です。

コロナ禍については、各国の指導者は「戦時」の対応であるということを強調していました。一方、日本の場合は、安倍総理が「緊急事態宣言の発出が遅すぎた」ということを率直に言われています。それは、日本は戦争しないということで戦後をやってきて、戦時の発想というものがなかったからだというふうに田原総一朗さんのインタビューに答えられています。

戦争中の経験を含めて、日本国内には「国家」に対する不信感や、政府に強い権限を持たせることへの警戒感が根強くあります。大手新聞等のメディアにもそれが根強く、戦時、或いは有事に関する議論は避けてきた。なので、有事の際は事態が起きてから特別措置法等の法的枠組みを作らざるを得ないというのが実態です。

今回の危機は、国民の命と生活を守るのはＷＨＯでも企業でもなく国家しかないということを明確にしました。私は日本式の国民一丸となった自発的な行動を高く評価しますが、例えば北朝鮮の弾道ミサイルや特殊部隊の脅威から国民を守るためには、やはり「戦時の発想・有事の準備」が必要だと思います。

そして、コロナ後の世界では、地理的なグローバル化にはブレーキがかかる一方、デジタルの領域ではグローバル化が急速に拡大すると考えられます。そのような環境では、偽情報に惑わされずに確かな判断を下せる主体的な「個人」と、国民を必ず守る制度や能力を持つ「国家」の両方が必要であり、どうすればそのような個人と国家を信頼関係で結ぶことができるかという議論を深めていくことが何よりも重要だと私は思います。

尾上定正（おうえ・さだまさ）
1959年生まれ。元空将。防衛大学校（管理学）を卒業後、82年に航空自衛隊入隊。ハーバード大学ケネディ行政大学院修士。米国国防総合大学・国家戦略修士。統合幕僚監部防衛計画部長、航空自衛隊幹部学校長、北部航空方面隊司令官、航空自衛隊補給本部長などを歴任し、2017年に退官。現在、ハーバード大学アジアセンター上級フェロー。共著に『台湾有事と日本の安全保障』（ワニブックス）がある。

政府の危機管理体制や政治指導力という国家のガバナンスの問題、国民の命と健康を守る保健衛生・医療の体制の不備、迅速な行政サービスやテレワークなどを支えるデジタルインフラの不足、医療品など必需品を中国に依存する脆弱なサプライチェーン、更には危機に付けこむサイバー攻撃など複合的な脅威に対するシステムの不備など、積年の不作為や無関心・怠慢によって放置されたり、隠蔽されたりしてきた問題がコロナ禍によって一気に噴き出した観があるので、これを奇貨として、正面から迅速に取り組むべきだと思います。

国際関係については、先ほど岩田さんが言及されたイアン・ブレマーの言うように、米中対立が新冷戦といわれるような形にまで激化してアメリカが孤立化し、中国も孤立化していくということは、多分間違いないだろうと思います。コロナ危機は世界を質的に変容するのか、あるいはこれまでのトレンドを3倍速、5倍速で加速するのか。判断するのはまだ早いと思いますが、ポストコロナの国際秩序を考える座標軸としてユヴァル・ノア・ハラリ（Yuval Noah Harari）の視点も有益です。

イスラエルの歴史学者で世界的なベストセラーの『ホモ・デウス』や『サピエンス全史』の著者のハラリは、世界が二つの重要な選択の岐路に立っていると指摘しています。

一つは、中国モデルの全体主義的監視社会と自由民主主義モデルの自立的市民社会の選択です。感染封じ込めで中国モデルは成功しましたが、不十分な情報開示・隠蔽やプロパガンダ、マスク外交の批判など必ずしもポストコロナモデルとして共感を得ているとは言えません。一方の自由民主主義国も多くが初動対応と感染封じ込めに失敗しており、中国よりも遥かに大きな被害を出し、国際協調も成功しておらず、自立的市民社会には程遠い状況です。

もう一つの選択が国家主義的孤立と世界連帯ですが、現状では米中ともにお互いに責任を押し付け合い、非難や批判を繰り返しており、相手への国民感情が最悪となっています。感染封じ込めやワクチンの開発、更には国際的な大不況への対応には世界が連帯することが必要ですが、日本や欧州諸国が、孤立し敵対する米中の冷戦突入を押しとどめ、何とか国際協調、世界連帯の道を選択するように仕向けることが重要だと思います。

日米同盟に関していうと、今回のコロナ禍でアメリカの空母セオドア・ルーズベルト内で感染が起き、2カ月間グアムに停泊せざるを得なくなる、という事態が生じました。西太平洋で、アメリカのプレゼンスに空白が生じたのです。また、米軍は感染拡大を防止するために、米軍の世界中の移動を一時禁止しました。つまり、場合によっては自衛隊も米軍との共同作戦が不可能になる事態が生じる可能性があるということが明らかになった。コロナ禍の前から日米同盟は大きな曲がり角に差し掛かっていました。トランプ大統領は、「日米同盟は不公平」だと一貫して主張していますし、北朝鮮が繰り返すミサイル発射に関しても、安倍首相が「短距離弾道ミサイルも国連の決議違反だ」と述べたのに対し、短距離ミサイルは合意違反ではないとの考えを示しています。

日本政府は、平和安全法制によって極めて限定的ながら集団的自衛権の行使を認めましたが、米軍駐留経費負担交渉を通じ、米国は日本に一層の防衛負担を求めてくるでしょう。日米同盟は60年の節目を迎えましたが、同盟の利益と負担についての本質的な再評価が必要となっている。日米同盟の強化を図るのはもちろん重要ですが、日米同盟だけではカバーできない脅威や事態も頭の片隅においておかなければなりません。最終的に頼むべきは自衛隊であり、日本独自の力なのだということをしっかりと認識し、コロナ後の日米同盟と自衛隊のあり方を構想すべきだと考えます。

最後に軍事面でのコロナの影響を言えば、無人化あるいはリモート化が加速していくことになるだろうと思います。今回、空母という大きなアセットも一時的に使えなくなりましたから、もっと小型で無人のものを投入した戦い方を追求しなければならない、ということになる。武居さんがシャーレの『Army of None』に書かれている完全自律化されたロボット兵器のことを話されましたが、中国は大量の無人機を群れのように運用する攻撃で米空母を襲うという非対称の作戦を構想しています。米軍は、中国のこのような戦略に対抗するため、ＡＩなどの新興技術を活用した装備の導入や複数領域をネットワーク化する変革を進めていますが、この動きはさらに加速すると思います。実は、この部分は自衛隊が非常に遅れているところなので、今後の大きな課題だと思います。

コロナ対策では各国が莫大な国費を投入しました。国家の財政負担は大きくなるし、経済の停滞もしばらく続く。そうなると、国防費に皺寄せが来るのは必然です。トランプ政権以降も、アメリカが米軍の駐留経費負担を求めたくなるような現実は変わらず、むしろ一層厳しくなる。自衛隊はこれまで、防衛大綱や中期防に基づいて防衛力整備を進めてきましたが、そういう厳しい状況が続くと予想される中では、無人化やリモート化も含めて大胆な発想の転換が必要になってきていると思います。

中国の台頭と日米同盟の対応

兼原　ありがとうございます。もうたくさん中国の話が出ていますが、続いて中国の台頭と日米同盟の対応についての問題に移りたいと思います。

中国は露骨なまでに影響力を拡大させています。最近は、力の行使をためらわなくなりました。アジアはこのまま巨大化する中国に飲み込まれてしまうのか。台頭する中国に対して、日米同盟はインド太平洋地域の戦略的骨組みを維持する脊椎として、或いは台頭する中国と戦略的均衡を維持するバランサーとして、機能することができるのか。

世界史的に見れば、中国の台頭は、産業革命以降のパワーシフトの当然の帰結だと思います。18世紀の末に英国に起きた産業革命は、地球的規模で工業化の波を伝播し続けてきました。ウェーバーやマルクスが永遠に停滞すると信じたアジアも工業化した。日本は突出して早く工業化しましたが、20世紀中葉に独立を果たした韓国など、アジアの国々が日本の後を追いかけ、20世紀末には遂に巨龍の中国が離陸した。その工業化の速度は幾何級数的に速く、まるで「ジャックと豆の木」です。

２００８年のリーマンショック後、中国経済が世界経済を牽引してから、中国は少々、夜郎自大というか自信過剰になり、拡張主義的なナショナリズムを噴出させています。中国は、この一世紀ほど続いてきたアメリカの覇権が衰退し、中国が新たに覇権を求める時代が来たと考えているのでしょう。やっと自分たちが作りたい世界秩序が作れる時代が来た、と。この思い上がりは、ちょっと昭和前半の「軍国日本」や、バブル時代の自称「経済大国」日本と似ていて、恐ろしい気がします。

しかし、工業化初期のボーナスは一過性です。中国でも既に人口の高齢化は始まっており、地方の国有企業の債務超過や富の極端な集中、中国政治や中国官僚制の宿痾ともいうべき政治腐敗等、将来抱えることになる問題がくっきりと見えてきています。それでも「新常態」の下で最低でも年率3～4％程度の成長はするでしょうから、後20年は中国の巨大化は止まらないでしょう。これから20年が日米同盟にとっての正念場になります。

私たちの救いは、その後に13億の人口を抱えたインドが台頭することです。インド人の平均年齢は30歳未満で、40歳未満の中国より10歳も若い。しかも、ガンジーとネルーが建てた堂々たる民主主義国家です。インドは、将来のインド太平洋の戦略的均衡を支える力のある国です。ただ、超大国になるのはまだまだ先でしょう。

アメリカは、体が大きいので対中警戒感が出るのが日本より10年以上遅かったのですが、最近、やっと目が覚めてきました。20年5月にはポッティンジャー大統領副補佐官

（国家安全保障担当）が、同年7月にはポンペオ国務長官が、中国に対する警戒感を露《あらわ》にしたスピーチをして、これまでの米国の対中認識が甘すぎたと率直に認めるようになりました。

ポンペオ国務長官は、西側の団結が必要だと訴えています。日米欧など西側諸国の経済規模は、インドを加えれば優に世界経済の半分を越えます。中国はまだ2割に届きま

兼原信克（かねはら・のぶかつ）
1959年生まれ。同志社大学特別客員教授。東京大学法学部を卒業後、81年に外務省に入省。フランス国立行政学院（ＥＮＡ）で研修の後、ブリュッセル、ニューヨーク、ワシントン、ソウルなどで在外勤務。2012年、外務省国際法局長から内閣官房副長官補（外政担当）に転じる。2014年から新設の国家安全保障局次長も兼務。2019年に退官。著書に『歴史の教訓――「失敗の本質」と国家戦略』などがある。

せん。中国は米国に追いつくかもしれませんが、その覇権は地域的なものに止まり、地球的規模にはならない。言い換えれば、西側が団結すれば、まだ中国との関係を戦略的に安定させ、最低限の信頼を築き、利益を調整することができるということです。それは、西側が依然として中国に関与できる強さを持っているということです。関与は懇願ではない。対等な力関係が必要です。

この関連でお伺いしたいのが、アメリカがハブとなって韓国、フィリピン、タイ、豪州に扇状に広がっている太平洋同盟網が、どのくらい役に立つのか、という点です。アメリカの太平洋同盟網は、NATOのような集団安全保障同盟ではなく、それぞれの国との二国間同盟です。オーストラリアはファイブアイズの一角ではありますが、面積の割に人口、軍隊、経済などの国力が小さく、経済的には資源の輸出などで中国にかなり依存しています。最近ようやく、中国に対する警戒心が強くなってきましたが。

韓国は伝統的に中国に対する恐怖心が非常に強い国ですし、特に今の左翼政権は心情的には完全に反米ですから、日米韓の軍事協力には後ろ向きです。康京和《カンギョンファ》外交部長官（当時）は、「日米韓は同盟関係にならない」と中国に公言させられている。文在寅《ムンジェイン》大統領の親北朝鮮路線はイデオロギーによるものです。兵員46万人の大陸軍を抱える韓国は既に極東を代表する軍事大国に成長していますが、国内政治に引きずられて戦略的には相当混乱していると言っていい。

残るアメリカの同盟国はタイとフィリピンです。タイは外交上手で、いつも米中二股外交です。地理的にも中国から遠い。フィリピンは中国と直面しており、スカボロー礁を中国に事実上奪われています。ですから対中警戒心は強いのですが、麻薬取締対策で人権侵害が行き過ぎているとオバマ政権に批判されたドゥテルテ大統領が、未だに米国とぎくしゃくしています。また両国とも、日豪に比肩する軍事的実体とは言えません。

その他のASEANの国々についてみてみると、南シナ海沿岸で中国と隣接するベトナムは、70年代末の中国による侵略や、二千年に及ぶ歴史的角逐もあり、中国に対する警戒心が強いですね。軍事的にも強力ですが、中国と陸続きであり、一国で中国と対決する力はありません。

人口約3億を抱え、ASEAN随一の大国であるインドネシアも、今のジョコ・ウィドド大統領が、元軍人でASEANのリーダーだったユドヨノ大統領と異なり、自国の経済成長の方に専ら関心を向けていますから、中国との関係でASEANのリーダーとして振る舞うことは期待できません。

ミャンマーは山岳部の反乱分子である少数民族を中国が支援するから、中国には面と向かって逆らえません。マレーシアは、ナジブ大統領の時は親中色がはっきりしていましたが、少し警戒心が出てきました。ラオス、カンボジア、ブルネイといった小国では、既に中国の影響がとても強くなっている。中国外交は、小国から抑えてプロキシー化（中国の代理化）し、地域のコンセンサスをブロックするのが得意ですから、ＡＳＥＡＮが中国に対して厳しい方針でまとまることはない。

こうしてアジア太平洋地域を見回してみると、本当に頼りになるのは実は豪州だけではないか、という気がいたします。

こうした現状でアメリカは、一体、インド太平洋地域のどこまでを軍事力を使って守るだろうかというリアリティチェックが必要です。米国の国力は無限ではありません。同盟国の日本としては、米国のコミットメントの濃淡を真剣に考えておく必要がある。私は特に南シナ海を心配しています。アメリカの南シナ海戦略はまだはっきり見えてきません。アメリカは南シナ海で何ができるのか。日本および日米同盟は、どのように位置づけられるべきなのか。

皆さんのご意見を聞かせてください。

共産党政権が崩壊しない限り、中国は「現状変更」しつづける

岩田　中国共産党崩壊の日まで、中国は夢を追い続けるでしょう。鄧小平以来の中国外交は、大国になるまでは目立たないように力を蓄えるという「韜光養晦《とうこうようかい》」が継承されて来ましたが、習近平は韜光養晦という方針をまったく使いません。代わりに使っているのが「中国の夢」「中華民族の偉大な復興」です。2017年、中国共産党の第19回党大会での3時間半にわたる演説の中で、習近平はこれを明確に位置づけました。「大国になった中国は世界に覇権を拡大する」という決意表明として理解すべきです。演説では、中国は「2035年までに国防軍隊の現代化を実現し、今世紀中葉までに世界の一流の軍隊に全面的に築き上げる」としていますが、これは、「太平洋でアメリカに対抗できる軍隊にする」という意味だと私は解釈しています。日本周辺では既に、中国が米軍を排除するための重要な戦略的要線と言われる第一列島線を越えて第二列島線まで中国が出てきています。

西太平洋では2008年に初めて中国の軍艦が出てきて以降、ほぼ毎年十数回、海軍、

空軍が出てきて演習を繰り返しています。この軍事行動と数十年継続している異常な軍備拡大がずっと進んで行けば、まさに米中激突ということになりますが、米中の戦力が拮抗するのは2035年頃でしょう。アメリカ連邦議会の米中経済・安全保障問題検討委員会の年次報告書でも、そのように報告されています。コロナ禍の影響で、米国の国防費が削減された場合は、この時期がさらに早まる可能性もあります。

中国の国際統一戦線構築にも注意しておく必要があります。ロシアとの関係も既に全面的な戦略協力パートナーシップに引き上げられた。コロナ禍ではWHOの事務局長を「手駒」として使ったように、国際機関などにも影響力を行使しています。アメリカが加盟していないBRICs、SCO（上海協力機構）、AIIB（アジアインフラ投資銀行）などではリーダーシップを発揮して、一帯一路戦略の道具として使っている。

中国は「中国の夢」を追求し続けるでしょう。中国が世界の国々と連携して平和的に現状維持のために力を注ぐような世界が来ると期待しないことが大事だと思います。マイケル・ピルズベリー（Michael Pillsbury）が「中国を豊かにすれば、やがて国際社会への健全な一員となるというアメリカ側の期待に反し、中国側は建国当初1949年から100年の長期努力でアメリカを圧することを狙ってきた」と著書『CHINA 2049——

中国の軍事戦略における防衛ライン

秘密裏に遂行される「世界覇権100年戦略」』の中で反省しているように、数十年に亘り米国が騙され続けて来た同じ轍を踏んでは国を誤ります。

こうした中で、日米同盟はアジア太平洋地域安定の要、唯一の頼れる綱です。兼原さんがおっしゃったように、オーストラリアは少しカウントできるかも知れませんが。

一方で、アメリカもやっと中国の本質に気づき、本気になりました。中国を修正主義国家と名指しして、中国が進める現状変更を許容しないことを明言した「国家安全保障戦略（NSS）2017年」、中国を戦略的競争相手であるとした「国家防衛戦略（NDS）2018年」、そして「邪悪な中国共産党との闘い」と宣言したペンス副大統領の演説は衝撃的でしたが、2020年2月にはエスパー国防長官が、「米国にとって中国こそが軍事面防衛面での最大の挑戦者である」とはっきり言っています。

太平洋における対中国戦略も変わってきている。CSBA（米戦略予算評価センター）が、強大化する中国の脅威に対抗して「既成事実化を図らせない」という海洋圧迫戦略を打ち出しています。これは米陸軍及び米海兵隊が「島」（第一列島線）を守り、侵攻してきた中国軍に対して米海空軍がアウトレンジから打撃を行うとの考えです。この戦略転換の一環として米空軍が2004年から実施していたCBP（Continuous Bomber Presence、爆撃機持続配備）はやめて、2018年の国家防衛戦略に記したDFE（Dynamic Force Employment、動的戦力運用）に切り替えた。第二列島線上に位置し中国の弾道ミサイルの射程に入ってしまったグアムに展開中の爆撃機を本土に戻し、集中して運用するというふうに変えています。この戦略における防衛すべき「島」は日本の領土そのものですから、米国との戦略的な連携は極めて重要です。

これにプラスして第一列島線上にある台湾、フィリピンとの連携も重要です。さらに中国の主張する九段線に対抗する意味では、インドネシア、マレーシアやベトナムまでも含めた連携体制の構築を今後は念頭に置く必要があると思います。中国の介入を許さない、「新アチソンライン」とでも言うべき範囲を確定させていくべきです（※アチソンライン：1950年1月、ディーン・アチソン米国務長官〔当時〕が演説の中で明らかにした、共産主義封じ込めのための防衛ライン。アリューシャン列島から日本海を経てフィリピンにいたるライン。朝鮮半島、台湾はこの中に含まれず、朝鮮戦争を誘発する原因になったとされる）。

兼原さんも指摘された、力の行使をためらわなくなってきた巨龍・中国に飲み込まれないためには、米国とタッグを組むほかない。しかし同盟は、「永遠の敵も永遠の味方も存在しない。永遠にあるのは国益である」という言葉のとおり、必ず機能するとも限らない。例えば、尖閣諸島が中国に占拠され、自衛隊が領土奪回のために防衛出動したとして、米国は本当に中国と事を構えてくれるか？　日本の情報収集衛星、通信衛星が中国と思われる衛星から攻撃を受け、自衛隊を始め国家指揮中枢機能が麻痺したとして、米国は本当に中国と宇宙戦争を始める覚悟はあるか？　どこの国かは断定できないが、恐らく中国が発信源と思われる大々的なサイバー攻撃が日本の政治・経済や電力供給を始めとする社会インフラ全体の大混乱を引き起こしている状況において、米国は本当に中国にサイバー反撃をしてくれるか？　中台紛争が勃発した際、これらの状況が同時に生起したとして、本当に米国は日本のために中国との戦争をも辞さない決断をしてくれるか？　もちろん、米国が同盟国を見捨てることはないと信じていますが、アメリカの国益に照らして冷徹に判断されることは理解しておくべきです。日米同盟が真に機能するためには、常に日米同盟の強化、機能させるための努力を続けていく必要があります。北東アジア全体の安全のためにも、「どんなケースでも絶対に米軍が来る」と言い切れるような日米同盟にしなければいけないと思います。

陸のアジア、海のアジア

兼原　旧友のイスラエルの戦略家が、こう言っていました。「イスラエルは、日本と同様に米国の後ろ盾がなくては生きていけないが、いざ有事となったら米国の介入前に敵を破砕するだけの軍事力を整備しておくことを国策にしている」と。岩田元陸幕長がおっしゃるように、日本は米国に甘えすぎて思考停止になっているところがある。日米同盟の分厚い被膜は心地よすぎたのです。今のままではとても危険だと思います。

それでは、武居元海幕長のご意見をお願いします。

武居　日米同盟を基盤として第一列島線にある国々と共同できる体制を整えていくという、岩田さんの考えには深く共感できます。中国を押さえ込むとか封じ込めるのではなく、覇権主義的な外交政策を強めている中国が軍事的な冒険をしないようにライク・マインディドな国々が協力して地域バランスを取っていくという観点がどんどん大切になってきています。日本にとってそうした国はどこだろうか。私は国際政治学者の白石隆先生が東アジアを「陸のアジア」と「海のアジア」に分けて考えた方法論が参考になるだろうと思います（白石隆『海の帝国』中公新書、2000年）。

東アジアは地理的な特性に加えて政治・経済活動の特性によって2種類のアジアに分

けることができる。海のアジアというのは北東アジアからオーストラリアにつながる海に面した地域で、北からオホーツク海、日本海、黄海、東シナ海、南シナ海、スールー海、ジャワ海を経て、オーストラリアに至る島嶼国家や大陸の沿岸地域です。国や地域で言うと北から韓国、日本、台湾、香港を経て、フィリピン、タイ、マレーシア、シンガポール、インドネシア、オーストラリアに至る。香港は、中国が香港国家安全維持法によって英国が香港返還時に中国と合意し、高度な自治を返還後50年間にわたって保障した「一国二制度」の国際公約（中英共同声明）を否定してしまったので、これから政治・経済面で中国共産党の統制が強まれば海のアジアの範疇から外れるかも知れません。

海のアジアとは外に開かれた、交易ネットワークによって結ばれた資本主義的な地域です。歴史的に自由主義経済の土壌があったために、戦後はアメリカ主導の安全保障体制の下に組み込まれつつ、いち早く経済復興を果たした日本が牽引する形で、アメリカ、日本、東南アジアのトライアングルの貿易システムを基礎に、比較的安定した政治・経済秩序の下、発展してきました。

他方、陸のアジアは内向き志向で、土地の支配と農本主義の国です。外国に門戸を閉ざした清王朝から冷戦期の中国が典型的な例です。中国にとって、海洋は戦略的な辺境であって、経済的軍事的に己の力が強くなれば外に向かって影響圏を広げていく。中国の言う「海洋国土」を作ることができる。中国がいま南シナ海や太平洋に進出してきているのは、戦略的辺境を自国の領土に変えられるだけの力がついたと考えているからに他なりません。

白石先生がこの本を出されたのは２０００年ですが、この頃は中国が西側世界の投資を受け入れ、技術力を貪欲に吸収して著しい経済発展を遂げていった時期にあたります。この時期にアメリカは、経済的発展を続けながら軍事的にも強大化しつつあった中国をいかに自分たちの規範に従わせるか真剣に考え、中国に働きかけました。ブッシュ政権の二期目に国務副長官をつとめたロバート・ゼーリックが、中国を「責任ある利害共有者（レスポンシブル・ステークホルダー）」として相応の行動をとらなければならないと呼びかけたのもこの時代です。中国は交差点に立っている、継続して経済発展したいなら我々の道を通り、我々の交通ルールに従え、とも言いました。専門家の白石先生でさえ、資本主義経済体制に組み込まれるように見えたその頃の中国を論じて、「アジアはすでに陸のアジアと海のアジアに分断されていない」と分析したのではないかと思います。しかし、中国はアメリカとは違う交通ルールの支配する道を行くことを選択した。それからほぼ20年が過ぎ、現在の東アジアの情勢を見るとき、アメリカの対中関与戦略が失敗であったことは明らかです。

中国では伝統的に、家父長がヒエラルキーの頂点に立って組織の秩序を維持する体質は変わっていない。一人の皇帝がすべての国民を統治する権威主義が基本です。中国の王毅外務大臣は、2020年7月の中米シンクタンク・メディア・フォーラムの基調講演で、中米両国は文明の違いを認め合って平和的に共存する道を探すべきであるし、五千年の中国の歴史には侵略や拡張といった遺伝子はない。中国は他国に中国のコピーを強制することはしないと述べました。中国外務省のトップが大胆にも、明白な歴史的事実を否定している。それでも王毅には嘘を言っているつもりはなく、そう信じているのではないか。これが中国外務省のコモン・センスであると我々は考えるべきでしょう。

太平洋戦争後の東アジアは、アメリカを中心とする地域秩序に組み込まれてきましたが、過去から現在に至るまで中国だけはアメリカのヘゲモニーに挑戦できる立場にありました。したがって、順調に経済的な発展を遂げ軍事力を増強すれば、中国がいずれアメリカに挑戦し、アジアでは海のアジアと陸のアジアの衝突に至ることは十分予想できました。

今、海のアジアと陸のアジアのヘゲモニーのぶつかり合いは、東シナ海と南シナ海の二つの海を舞台に行われています。南シナ海では岩礁の帰属をめぐって中国が国際法の一方的な解釈を周辺国に押しつけ、フィリピンが提訴した南シナ海に関する国際司法裁判所の勧告を受け入れず、現在は質量ともに世界最大の海上法執行機関が高圧的に係争海域に管轄権を強化・拡大することに余念がない。これはまさに陸のアジア的な支配を海に対しても行おうとするものと考えることができます。

我が国は陸のアジアと海のアジアのどちらを選ぶべきなのか。その答えは明らかです。最近は欧州の国々でも、インド太平洋や南シナ海に欧州が関与することの是非が論じられるようになりました。この背景には世界経済の成長センターとなっているインド太平洋地域、特に南シナ海の持つ経済的な価値が欧州でも認識されていることもありますが、特に法に基づく海洋の秩序維持をリードしてきた欧州の伝統的な海洋国家にとって、中国が南シナ海で展開している高圧的で権威主義的な行為が、将来の海洋秩序の維持について世界的に影響を及ぼす可能性を恐れるためです。

ＮＡＴＯのメンバー国には陸性の国と海性の国が半々に存在しています。遅れてＮＡＴＯに参加した国々は中東欧の陸性の国々が多く、経済的な支援を受ける中国との結びつきが強い。だからNATO内で海洋安全保障の議論はなかなかまとまらない。EUも同じです。彼らもいま、陸のアジア的な権威主義に基づく海洋秩序維持を是とするのか、あるいは法に基づく海洋秩序を継続するのか、重大な選択を迫られている。

　我々日本としては、アメリカをリーダーとする自由で開かれた海洋秩序を選択する以外の選択肢はありません。その時に我々のチームに入ることを期待できるのは、海洋性の国家、つまり海のアジアです。オーストラリア、ニュージーランド、シンガポール、マレーシア、インドネシア、フィリピン、タイといった国々です。私は、ここにインド太平洋に領土のあるイギリスやフランスなども含めたい。これらの国々が力を合わせて中国とバランスをとり、海洋秩序を維持していくのが将来の姿であろうと思います。

サラミスライス戦略にはその都度対応せよ

兼原　尾上元空自補給本部長、お願いします。
尾上　はい。中国がどれだけ強いのか。アメリカが中国とガチンコで戦ったらどうなるのか。二つのフェーズに分けて考えるのがよいかと思います。一つは、現在もそうですが、平時からグレーゾーンでの戦いでのフェーズ。もう一つが、実際に戦闘になった場合のフェーズです。

まず激しいほう、つまり実際に戦闘になった場合のフェーズから言いますと、事実として中国は本当に強くなったと思います。人民解放軍は台湾を武力で統一するということをずっと第一目標にして、そのために戦力を増強し、統合作戦を遂行できるように軍制改革も断行してきました。Ａ２／ＡＤ（接近阻止・領域拒否）戦略という、実際の戦闘を想定したドクトリンも練り上げてきた。

一方のアメリカは、つい最近まで中国と本気で戦争する態勢をとってこなかった。「経済的に発展すればいつかは民主化するだろう」という前提でずっとやってきたわけですから、無理もありません。ようやく２０１７年のＮＳＳ（国家安全保障戦略）、２０１８年のＮＤＳ（国家防衛戦略）で、中国との戦闘を本気で想定するようになったに過ぎない。まだ2～3年前の話なので、本当に中国と戦う戦略を練り上げ、実際にその態勢を作り上げているかというと、出来ていないと思います。先ほど岩田さんが、アメリカはＮＤＳでＤＦＥ（動的戦力運用）を採用してＣＢＰ（爆撃機持続配備）はやめたというお話をされましたが、それは機動的な対応のできる米空軍の話です。では海兵隊はどんな態勢を整えているのか、海軍はどうかと言えば、まだ道半ばだと思います。

インド太平洋軍司令官のデービッドソン大将は2020年4月の議会証言で、本当に中国に対する戦いの態勢を作るためには向こう6年間で200億ドルの予算をかけて、グアムの防衛体制の強化や精密攻撃兵器の第一列島線配備、そして戦力の分散配置のインフラ構築が必要だと述べています。2020年4月に『The Kill Chain』という著書を出したクリスチャン・ブローズ（Christian Brose）は、「今、中国とアメリカが戦ったら、シミュレーションではほとんどの場合、アメリカが負ける」と書いています。彼は18年に亡くなった上院軍事委員長のジョン・マケイン議員の首席スタッフを長年務めてきたので、これはものすごくインパクトがある話として話題になりました。アメリカは負けると分かっている戦争は絶対やりませんから、本気で中国とやるのかというところには、かなりクエスチョンマークがつくんじゃないでしょうか。もちろん、米軍は中国を想定した軍の強化に全力で取り組んでいますが。

武居　2019年9月の「ニューヨーク・タイムズ」に、ニコラス・クリストフ（Nicholas Kristof）が「米国防総省が実施した中国が関与する台湾海峡の最近18回の図上演習でアメリカは18回負けた」と書いていますね。

尾上　そうですね。ただ、どのような前提を置いた図上演習かという点は注意が必要です。アメリカ単独ではなく日米でやるとか、オーストラリアやＡＳＥＡＮも巻き込んだチーム戦になった時には様相が変わると思いますが、それでもどちらかと言えば中国優位にミリタリーバランスが変わりつつある。中国はそれに自信を深めていて、『超限戦』という人民解放軍の戦略を論じた本を書いた軍人も、「台湾を統一しようと思ったらいつでもできるけれど、今はそのタイミングではない」と言っています。そういう自信を深めた中国をどう抑止していくかというのが、日米同盟あるいはアメリカを中心とするインド太平洋の国々の大きな戦略であるべきだと思います。

日米同盟は当然、自由で開かれたインド太平洋（ＦＯＩＰ）の一番大事な枠組みです。アメリカをハブとしたハブアンドスポークの中で、本当に信頼できるのは日本しかない。韓国は中国に睨まれＦＯＩＰに後ろ向きの状況ですし、オーストラリアはファイブアイズの一員ですが小さいですから。だから、日本はそれくらいの自信を持って、アメリカが基点のハブアンドスポークをネットワークに変えていくように動いていけばいい。

ＡＳＥＡＮの国々などには、米中どちらか一つだけを選びたくないという国は多い。海洋国家はもちろん中国の南シナ海での行動に反対していますが、陸の国々は当然中国の影響力が及んでいるので軽々に中国批判はできない。そういった国々もまとめて中国を抑止していくには、アメリカが頭ごなしに言うより、信頼されている日本がまとめ役になった方がいいのではないかと思います。

それからオーストラリア軍は、既に普段から米軍とほぼ一体化しているような作戦体制になっています。インド太平洋軍司令部の防衛計画部（J5）にオーストラリア軍の准将が副部長として配置されていますが、日本もそれに準じた形を追求していくべきだと思います。それによって情報共有や作戦のインターオペラビリティ（相互運用性）は格段に強化されます。

以上が「熱戦」を想定したフェーズの話ですが、もう一方のグレーゾーンでの戦いは平時である今もずっと続いています。南シナ海はその典型ですが、中国はアメリカが引いたところに出ていって、埋め立てて、滑走路を作って、軍事化するということをずっとやってきています。それを止めようと思っても、なかなか有効な手段がない。フィリピンが国際仲裁裁判所に提訴して、中国のやっていることは法的には全く無効だということを立証しましたが、中国はその裁定を「ゴミくず」と一蹴し、止めるどころか拡大している。

中国が南シナ海をどう見ているかというのは、さきほど武居さんが説明された通りだと思いますが、一方で中国は「マラッカジレンマ」も抱えています。中国はマラッカ海峡を通ってくる資源やエネルギーに大きく依存しています。これは日本も同じですけれど、中国が恐れているのはそこをアメリカに止められることです。なので、できるだけ自分たちの脆弱性を減らす意味でも南シナ海の管轄権を握りたい。サラミスライス戦略で少しずつ取っていきたい、ということだと思います。すでに「中国海洋国土」を管轄する行政機関が西沙諸島のウッディー島に設置されています。また、中国は2013年に東シナ海で一方的に防空識別圏を設定しましたが、次は南シナ海でも同じ事をするんじゃないでしょうか。

したがって、平時ないしグレーゾーンでは、中国が進めるそうした既成事実化をその都度打ち消していくような対抗措置が重要です。アメリカだけでなく、日本、オーストラリア、ASEANなど関係各国が一致して反対し、中国の横暴を許さないという態勢を作っていくことが必要だと思います。

南シナ海における中国の兵站線を引き伸ばせ

武居　中国は長い時間をかけて南シナ海に管轄権を広げようとしています。習近平主席の下でその動きが加速している。1980年代、ソ連が弱体化し、アメリカのプレゼンスも低下したタイミングで南シナ海に出ましたが、その時に全島を取ろうとしたものの、軍事力が不足して6島しか取れなかった。中国は胡錦濤主席の時代に、国家海洋局が胡錦濤のパワーの弱さに乗じて自分たちの利権拡大のために尖閣や南沙への進出を利用した。現在はそれを習近平のお墨付きの下で中央集権的にやっている。習近平が目指しているのは、鄧小平や毛沢東とは違う何かを作り出すこと。もし、毛沢東や鄧小平もなしえなかった、中国人が自分たちの領土と考えている土地の奪還を実現すれば、間違いなく歴史に名を残せます。だから南シナ海、尖閣、台湾を、習近平の中国は本気で狙っていると考えておかなければならない。このところの経緯は九州大学の益尾知佐子先生が簡潔にまとめられており参考になります（益尾知佐子『中国の行動原理』中公新書、2019年）。

法と秩序に基づく我々民主主義国家の常識では、国家間の紛争は平和的な話し合いによって解決するというのが大原則です。中国の実効支配があるからといって、フィリピンやベトナムに軍事面で協力して領土の再奪取をけしかける、などということはできない。我々が絶対に守るべきものは、南シナ海での航行の自由、海洋利用の自由、上空飛行の自由です。中国はこれから、さらに強制的な措置を取ろうとしてくるでしょうが、我々はそれを拒否していかねばならない。さきほど尾上さんが言ったとおり、実効的に支配されないように中国が出てくる度にそれを押し戻す。粘り強くこれを続けていくしかありません。

南シナ海の周辺国が中国の海警局に押し込まれているのは、つまるところ自国の海軍や法執行機関の能力が弱いからです。中国の行動パターンは相手が強ければ時期が来るまで待ち、相手が弱いと見れば遠慮なく付け込んでくる。引けば出る、が外交のパターンです。日米ともに、南シナ海の平和と安定は重要な国益ですが、係争中の岩礁への直接の当事国ではない。我々サイドができることは、これ以上現状を悪化させないための努力と、周辺国の海洋力を底上げするための能力構築支援でしょう。そういう努力を10年なり20年なり続けていれば、地域の国々が中国による航行の自由や上空飛行の自由を妨害する行為を拒否できるだけの能力が育ってくる。時間はかかりますが、問題を域内諸国が自主的に解決するにはそれが一番だと思います。

兼原　南シナ海は、実は地中海よりもずっと広いんですよね。中国の実効支配する島嶼は拡大しているとはいえ、逆に、周辺国が実効支配している島もたくさんある。もともと南沙諸島は、清仏戦争後インドシナを取得したフランスと日清戦争後台湾を取得した日本が影響力を争っていましたが、日中戦争開始後、第二次世界大戦が勃発してフランスがナチスに屈し、日本が新南群島として台湾総督府に編入し、戦争中は領有していた島々です。一番大きな太平島は、依然として台湾が保有している。周辺には、ベトナム、フィリピンと、中国とは決して親しいとはいえない国々がある。マレーシアにも対中警戒感が出てきました。そうした周辺諸国の防衛力を高め、中距離ミサイルや潜水艦の配備に協力し、また、フィリピンのような同盟国ならば米軍をローテーションで展開して中国にプレッシャーをかければ、中国も真剣に対応せざるを得ないから、中国本土から南沙諸島までの長い兵站線の維持に苦労するようになるでしょう。もともと中国が南シナ海を囲い込むために主張している九段線の外縁は、中国大陸からかなり離れていますから、中国のオーバーストレッチ状態がさらに強まる。日本は満州事変後、ずるずると国力のオーバーストレッチを引き起こしました。南シナ海は長期的には中国の弱点になっていくかも知れないですね。

残念ながら、タイへの中国の潜水艦売却など、中国の方が一足早く対抗してきています。日米同盟側には、未だにまとまった東南アジア戦略がない。

武居　フィリピンなど第一列島線の国々に地対艦ミサイルを配備する必要性については、前の太平洋軍司令官ハリー・ハリスも言っていますね。

注意すべきは、中国の考える第一列島線と、我々の考える第一列島線では、戦略的な意味が違うことです。中国は第一列島線を自分たちが外洋に出ていくのを邪魔するバリアだと思っている。特に南西諸島に置かれた陸上自衛隊の対艦ミサイル部隊や航空自衛隊の兵力は中国の商船や軍艦の通航を邪魔する以外の何ものでもない。機雷や潜水艦もそうです。だから、機会あるごとに南西諸島周辺で、たとえ狭くても日本の領海に入らずに外洋にでることができる海峡や水道の通航を繰り返し、そこを既得権益だと主張していく。大隅海峡、横当島と奄美大島の間、宮古海峡、そして与那国島の東側がそれに当たります。２０２０年6月には、中国の潜水艦が横当島と奄美大島の間を通過した可能性について防衛省が公表しました。浮上せず潜航したままで通峡したなら驚きです。

このあたりは海底地形が複雑で、国際水域の幅は約２海里しかない。中国はすでに海洋調査を終えて潜水艦の通航に供しうる十分なデータを持っているのでしょう。潜水艦ですら狭水道にチャレンジする段階になっている。

我々にとって第一列島線は守るべき領土です。列島線は広大な排他的経済水域や大陸棚の基準となり、豊かな経済的な価値をもっている。国際法学者の坂元茂樹先生は、「島の価値をその面積で量る時代はとっくに過ぎ去り、その島の周辺の豊かな水産資源や海洋資源で量る時代であるのに、その認識が日本国民に大きく欠けているように思える」と警鐘を鳴らしています。軍事的な価値は、中国がどう考えるかによって上下します。そこを踏まえて、じゃあ我々は今の時点でこの第一列島線の戦略的価値をどう見定めるのか、どういった防衛努力をするのかを考えなければいけない。中国がバリアだと考えているのなら、バリアを強化する措置を講ずれば大きな抑止力になります。陸上自衛隊の地対艦ミサイル部隊を増強する。あるいは周辺のレーダー・サイトや地対空ミサイルを強化する。兼原さんがおっしゃったとおり、そういう方策が出てくるはずです。

南シナ海というのは、インド太平洋全体の中では、面積でわずか1・5％でしかありません。けれども、2016年の米国シンクタンクCSISのレポートによれば、年間で約3兆3700億ドル、世界貿易の21％がこの海域を通っています。国連貿易開発会議（ＵＮＣＴＡＤ）の推計によると、世界の貿易量の約80％、貿易額の約70％が海上輸送されている。そのうちの60％がアジアを経由しており、南シナ海は世界の海運の三分の一を担っていると推定しています。

同じレポートによれば、南シナ海への依存度は東南アジアの国々はもとより、太平洋諸国でも高い。中国との経済関係が深いためでしょう、韓国も5割近くを南シナ海に依存している。日本は2割弱ですが、依存していることは間違いない。だから、南シナ海が閉ざされてしまったら、世界経済に与える影響は非常に大きい。特に今、南シナ海からインド洋にかけては、一つの大きな経済的ベルトになっていますし、将来的な経済発展も見込める。東南アジアはさらに重要な世界経済のエンジンになるでしょう。だから、南シナ海を中国にクローズされれば地域の経済活動に著しい影響を与える。

そういうことは絶対にあってはいけないし、中国が法に反して南シナ海に管轄権を行使するようなことがあってはいけない。じゃあどうするかというと、先ほど尾上さんが指摘したように、中国のサラミスライス戦略にはその都度対応してオフセットしていく。価値観を同じくする海洋国や域内各国と協力して、平素から我々が自由に通航できるような態勢を南シナ海に作り、中国に対して法に基づく海洋秩序の意義を繰り返し説得し、維持していくということしかないだろうと思います。

岩田　サラミスライスという点では、アメリカにも変わって貰いたい点がある。アメリカは尖閣諸島について、日本の管轄権は認めているけれど主権については明言していません。他国間の領土紛争には巻き込まれたくない、そこについては判断しないという方針を徹底しているからだと思いますが、やはりそれでは中国に付け込まれてしまう。アメリカも中国のサラミスライス戦略に本気で対抗していくのであれば、平時から同盟国に対してはそういうサポートをする策を鮮明にすべきじゃないかなと思います。

尾上　ハドソン研究所のパトリック・クローニン（Patrick Cronin）博士に、尖閣諸島の領有権（主権）は日本にあると米国は認めるべきではないかと質問したことがありますが、「それはものすごくコストと労力がかかるけれど、効果はあるのか？」と逆に聞かれたので、「あるに決まっているではないか」と答えました。アメリカでは、東アジアの安全保障の専門家ですらそういう認識なのかと、がっかりしたことを記憶しています

（注：2020年7月13日にポンペオ国務長官が、ミスチーフ環礁等についてフィリピンの主権下にあると断言し、アメリカは従来の中立的な姿勢を大きく転換している）。

武居　日本政府も、南沙諸島のどの島がどの国のものなのか、どの国が実効支配してい

るのか、そもそも海を埋め立てて造った人工島は島たりうるのか、判断を曖昧にしたままです。それはぜひやって頂きたい。そうじゃないと、南シナ海で「航行の自由を守る」と言っても、どれが領海を持つ「島」なのかなど明確な法的根拠がないわけですから説得力に欠けます。海上自衛隊の艦艇がある「島」近傍の水域を航行せざるをえない状況に置かれた場合にも、そこが領海なのかそうでないのか判断できない。一方で、日本は敗戦によって南シナ海の領域を手放してから実際に測量していない。だから根拠がなく判断できないという理屈も成り立ちますが、２０１６年７月の国際司法裁判所の南シナ海仲裁判決国連海洋法条約に基づく仲裁裁判所の仲裁判断に基づかせるなりして、そこを明確にしたならば南シナ海に対して日本の立場ももっと明確になると思います。

兼原　外交的に言えば、どこの国も、普通は第三国の領土紛争には介入しないんです。本当の事情は当事者じゃないと分からないですから。アメリカは１９５０年代中盤から、それまで「国際司法裁判所（ＩＣＪ）にでも訴えれば？」と言っていた北方四島の帰属について、急に「日本の領土だ」と言い始めました。逆に尖閣諸島については、サンフランシスコ平和条約、沖縄返還協定で明確に日本領と認め、沖縄返還前は自分で尖閣を施政下に置いておきながら、米中国交正常化が現実になり始めると、日中どちらの領土か分からないと言葉を濁し始めた。領土問題もピンキリです。つまり、ある程度、政治的なんです。

中国は、個々の島ではなく、南シナ海全体を「九段線」で囲い込み、歴史的に中国の海だという荒唐無稽な主張までしており、それを2006年に公文書で国連に提出している。大陸国家だった中国が、地中海より広い南シナ海全体を中国の海だとする主張は壮大なフェイクニュース以外の何物でもありません。大清帝国は騎馬民族である満州族の国です。海に関心はなかった。明の時代だって、台湾はオランダ領だった。19世紀末以降、南沙諸島で覇を争ったのは日本とフランスです。「九段線」などは頭から否定してよい話です。

重要なことは、中国が尖閣や南シナ海の島嶼、或いは南シナ海全域に対する自らの一方的な主張を直接、力で押し通そうとするようになったことです。19世紀的な棍棒外交による海洋拡張主義です。中国はいま、力による現状変更を試みている。

一方的な力の行使は、領土問題云々以前の問題で、明確な国際法違反です。紛争の平和的解決という国際社会の基本原則、国連憲章に反する。これには明確に反対しなければなりません。しかし、アメリカはこれまで、「領土の主権は判断しない」という立場を隠れ蓑にして、中国の実力によるサラミスライス戦略を黙認してきてしまったところがある。本当は「力によって現状変更をすることは国際社会の原則に違反している」と言って介入すべきでした。国際関係では、沈黙が黙認を意味することがある。これは明らかに間違っていた。米国はまた、南シナ海問題を、当事国同士の「行動規範（code of conduct : COC)」の交渉に委ねると言って、ＡＳＥＡＮの南シナ海沿岸国を中国の前に放り出した。ウサギに狼と交渉しなさいと言うようなものです。

中国を「リスポンシブル・ステークホルダー」と考えたブッシュ共和党政権、あらゆる力の行使に及び腰だったオバマ民主党政権の負の遺産と言えるかも知れません。トランプ政権になってようやく、２０２０年7月23日、ニクソン大統領図書館を訪れたポンペオ国務長官が、「南シナ海に関する中国の非合法な主張を拒絶する」と明言しました。

ロシア、インド、オーストラリア、ヨーロッパ

兼原　では次に、ロシアやインドなど、米中以外の国々についてもざっと概観していきたいと思います。

経済規模で言えば、ロシアは日本の4分の1くらいで、最早、韓国程度の規模です。人口減少も進んで、日本と大差ありません。クリミア半島併合後、米国の制裁を受けているので、技術、マーケット、資本を求めれば、経済大国となった中国につかざるを得ないというのが本音だと思います。本当は、誇り高いロシアは中国の風下に立つのは耐えられないはずです。ただ、クリミア半島併合後、国際的に孤立し、戦略的に中国にくっつく以外どうしようもないというのが実情でしょう。

インドはまだ発展途上ですが、今世紀中葉くらいには中国にカウンターバランスできる大きさと強さを持つようになると思います。しかも民主主義国家ですから、ここにはどんどん政治的に投資していくべきでしょう。そもそも70年代に米国がソ連に対抗するために独裁者の毛沢東と手を握り、その反動でガンジーが生んだ民主主義国家のインドを共産圏のソ連に追いやったのが、キッシンジャー博士が演出した「デタント（緊張緩和）」です。価値観という面ではひどく捻れた枠組みです。「敵の敵は味方」ということで、悪魔と戦うために、もう一人の悪魔と手を握るという欧州型権力政治です。20世紀前半、ヒトラーを潰すためにスターリンと組んだアメリカは、20世紀後半、ソ連を潰すために毛沢東と手を握ったのです。自由の帝国であるアメリカらしくない、没価値的なパワーポリティクスでした。本来であれば、民主主義国家を奉じる西側が、非同盟とはいえ同じ民主主義を掲げるインドの手を取るのが自然だったのです。

価値観という点では、やっぱりヨーロッパ勢との関係を密にしておく必要がある。ただ、ＮＡＴＯはアフガニスタン以西というはっきりとした地理的限界がありますから、軍事的にはあまり頼りにならないでしょう。但し、太平洋に島嶼を持つイギリス、フランスとは付き合った方がいい。また、欧州随一の経済大国になったドイツを取り込んでいくことが重要だと思います。敗戦国となったドイツは独自の軍事戦略を持とうとせず、戦略的視野はＮＡＴＯに限られていたので、長い間、アフガンから東が見えませんでした。中国も経済的利益の観点からしか見ていなかった。メルケル首相は長い在任中、毎年、北京に詣でていましたが、日本にはあまり来なかった。中国の台頭が著しくなり、また中国が香港の一国二制度を否定し、国家安全法を施行したあたりから、ようやくドイツの目が開いてきました。２０２０年になってインド太平洋地域に戦略的に目を向けるようになった。今がチャンスです。

ざっくりこんなところが私の感じですが、みなさんは如何でしょうか？

武居　インドは北東部に二つの国境問題を抱えています。パキスタンと中国です。インドでは1962年にカシミール地方で起こった中印国境紛争で負けたことがインド国民にとって屈辱の歴史として強く認識されていると聞きます。以後パキスタン、中国との間で領土の主権を主張し合う緊張関係が数十年にわたって継続しています。

こういったインドの持つ安全保障上の危機感というのは、軍隊の構成によく現れています。インド軍の人的な規模は世界で第3位ですが、装備も人員も陸続きのパキスタンと中国に対して向けられている。つまりインド軍は陸軍中心の軍隊です。具体的に言いますと、合計139万人の軍隊のうち、陸軍は120万人、空軍が12万7000人で、海軍は5万8000人しかいない。たったの4・2%に過ぎません。インドの安全保障の関心は完全に陸のほうを向いている。

したがって、中国優位に傾いた東アジアの海洋における軍事バランスを改善するために、中国の西側で国境を接するインド海軍には東アジアのカウンターバランスとして頑張って欲しいと考えるのは当然ですが、インド海軍が日米海軍と完全に一致した対応を中国に対して取ってくれると期待するのは無理ではないかと思います。インドがマラッカ海峡を越えて南シナ海や東シナ海まで海軍を展開することは考えられない。インドにはインド洋の海洋安全保障を主導してもらう。日本はそれに協力していく。それ以上のものではないと考えるべきです。

尾上　でも最近はＱＵＡＤ（日米豪印安全保障対話）にも積極的になり、より対中を意識した姿勢に変わってきているとは言えませんか？（注：２０２０年10月6日のポンペオ国務長官訪日時に、ＱＵＡＤ〔日米豪印〕外相会談が行われた）

武居　確かに、２０１４年5月からインド首相の地位に就いたナレンドラ・モディの時代になって、インドの外交政策が大きく変わってきました。日本を米印マラバール演習の正式なメンバーにしたり、多国間演習化を試みたりしている。外交政策ではＱＵＡＤグループがあります。しかし、地理は外交政策の基本ですから、地理的な制約は無視できない。

以前、インド海軍の元参謀長に「インドはなぜ同盟国を作らないのだ」と聞いたことがあります。彼の答えは「仮にパキスタンや中国との間で紛争があった時、君たちは兵を送ってくれるのか？」でした。これが恐らくインド人の本音であって、日本もそれを考慮に入れつつ、過度な期待は慎みながら利用するときは利用していく。逆にインドも日本を利用し、日本はそれを承知でインドに利用される。その内容は「インド洋における海洋安全保障」に限られるのだろうと思います。

岩田　武居さんのインドに関する分析はその通りだと思います。モディ政権は、軍事面では武居さんが言ってくれたとおりですが、外交面では南アジア諸国との関係を強化する近隣諸国優先政策を維持しつつ、「アクト・イースト」政策に基づき関係強化の焦点をアジア太平洋地域へと拡大させているほか、米国、ロシア、欧州などとの関係も重視する積極的な対外政策を展開しています。

インドは特に米国との関係強化に積極的に取り組んでおり、米国もインドの経済成長にともなう関係拡大に加え、普遍的価値や地域における戦略的利益を共有するパートナーとみなす認識の高まりを背景に、対印関与を促進しています。両国は、日本も交えて「マラバール」などの共同演習を定期的に行っているほか、近年、米国はインドにとって主要な装備調達先の一つになっています。2016年にモディ首相が訪米した際には、米国はインドを「主要な国防パートナー」と認識していることを表明しましたし、その翌年にモディ首相が訪米しトランプ大統領との初の首脳会談を実施した際には、引き続き戦略的パートナーシップを強化していくことで両国は一致しています。

またロシアとの関係においては、モディ首相は2019年、ウラジオストクでの東方経済フォーラムに初参加し、プーチン氏と会談した後の共同発表で、「インドの首相として初めて極東を訪れた。インドとロシアの信頼に基づいた特別な友好関係は新たな高みに至った」と述べています。プーチン氏も「インドとロシアの関係は真に戦略的で、格別に優先的な性質を持っている」と応じています。

両国のこの接近は、それぞれが懸念をもつ中国との関係を睨んでのものと推測できます。インドの対米・中・露関係をざっと見ると、インドが日米との良き関係を更に発展できる可能性はありますが、対中国を念頭に日米同盟側にぐっと引き入れるというのは無理があると思います。

２０２０年にインドとオーストラリアは、艦艇への補給を相互の港でできるようにするなどの安全保障協力で合意しました。中国を警戒しての連携と思われますが、情報共有を含めて、このような安保協力レベルなら日本も可能性は見いだせると思います。インドにはインドの都合がありますから、現状は兼原さんの分析にもあったとおり、10年、20年先の長期的視点で味方に引き入れて行くべきではないでしょうか。

ロシアについては、「ロシアを敵にしない戦略」すなわち国家として対応する戦略正面を最小限にする努力が重要です。中国、北朝鮮の二正面がすでにあるのに、三正面対応は賢明ではない。

2015年に改訂したロシアの国家戦略では、「アメリカによる一極世界に陰りが見え始めた中で、多極化する世界での戦略的安定と互恵的パートナーシップを追求し世界的大国になる」と言っています。ただ、兼原さんがおっしゃったように、ロシアは大国にはなれないんですよね。彼らが唯一アメリカに対抗できるのは核戦力ですから、この核戦力をめぐる動きをどう見ていくかがポイントになります。

ロシアはオホーツク海の聖域化を狙っています。この海底にワシントンを射程に収める新型弾道ミサイル「ブラヴァ」が発射可能な原子力潜水艦を、現在2隻、ゆくゆくは4隻配備して核抑止力維持のための第2撃の核戦力を確保しようとしている。この潜水艦を守るために千島列島にさらに1個師団を置き、地対艦ミサイルを並べて、米軍がオホーツク海に入ってこられないようにしている。だから、この千島列島防衛ラインにある北方領土を返すなんてことは、軍事的にはありえない。

また極東正面では4年に一度、ロシア全土から戦力を集中して大規模な演習を実施しています。この際、千島列島に対する着上陸演習等、攻撃的な訓練もしています。2018年の「ヴォストーク2018」演習では、ロシアの歴史上最大規模となる約30万人、車両約4万両、航空機約1000機を動員しています。さらにこの演習及び中央アジアでの「ツェントル２０１９」演習にも中国軍を参加させるなど、中露の軍事関係は連携が進みつつある。ロシアを侮ってはいけない。日本は中露を利しないよう、同時にロシアと決定的に対立しないよう、関係をマネージしていく必要があると思います。

ロシアの変化でもう一つ注意すべきは、２０１４年に見直した軍事ドクトリンで、「新たな戦争形態と新兵器の開発」を表明した点です。新たな戦争形態、言い換えれば「形を変えた侵略」が、ロシアのゲラシモフ参謀総長のもとで指導されている。クリミア侵攻はその先駆的な例となりました。

国境線において軍事的な威圧をかけた状態において、フェイクニュース、経済封鎖、政治工作及び特殊部隊や民兵等をもって官公庁を占拠して政治的な圧迫を加え、形式的な住民投票によりクリミアはロシアに併合されてしまった。ロシアは戦わずして領土を拡げたのです。この戦争形態の変化が、台湾を含む我が国周辺でも適用されることを念頭に置く必要が出てきました。現在もロシアと国境線で対峙しているウクライナ軍の将軍は、ウクライナで起こる事は極東でも起こり、台湾でも起こると話したそうです。

また新兵器では、ロシアは極超音速滑空兵器の「アヴァンガルド」を開発し、２０１９年に実戦配備をしました。マッハ20以上で約６０００キロ飛翔し、大気圏突入後はレーダーに映りにくい低い高度、変則的な軌道で飛翔するため、この兵器を撃墜できる手段は現在どの国も保有しません。中国・北朝鮮もこれに類似した兵器を保有しています。現在、敵基地攻撃に関する議論が政府においてなされていますが、これらの新兵器から我が国を如何にして守るのか、真剣な議論と早期の対応策の具現化が必要です。

尾上　いつも思うのですが、我々が見るロシアは「極東」なんですね。アメリカ、欧州は、欧州方面から見たロシア。そこには認識のギャップが生じる部分がある。日本から見ていると、中国牽制を考えてロシアを我々サイドに引き込むべし、少なくとも対立は避けるべしとなりますが、NATOの加盟国にとってはウクライナ問題をはじめいろいろと紛争の要因がありますから、関係再構築は容易ではない。

NATOは事実上、分裂の危機にあると思います。トランプ大統領はNATOの価値を認めず防衛費の増額を求め、応じない場合は米軍を撤収すると文句をつけている。トランプに呆れた独仏は自分たちで核抑止しようという話までしています。イギリスはブレグジットで、今後EUとの関係がどうなるか不透明です。もう一つトルコという大事な国がありますが、完全に中東の盟主を狙う戦略に転じていて、アメリカが敵視するイランやロシアとも気脈を通じている状態です。

ロシアの様相は、見る方向によって全然違う。対峙する国の戦略的利益もさまざまです。それでも、例えばロシアの持っている核戦力やサイバー攻撃能力に焦点を当てて、どのように軍備管理をしていくのか、相談を持ちかける。経済的に苦しいロシアは積極的に乗ってくると思います。ＩＮＦ（中距離核戦力）全廃条約を破棄した後の一番の問題は中国をどうやって核管理の中に引き込んでいくかですから、アメリカとロシアには共通の利益があるはずです。

岩田さんも私もロシアとの防衛交流をやった経験がありますが、そういう意味ではロシアの予見可能性を上げて、中露が接近しすぎないような方向に導いていく必要があると思います。例えば中国が北極航路に進出していくとき、ロシアはあまりおもしろくないはずです。そういった中露の利益の相反をうまく使って、ロシアを我々にとってプラスになるような方向に使っていければと思います。

インドとオーストラリアとはＱＵＡＤをやっていますが、オーストラリアとインドは基本的に仲が悪いし、インドはアメリカのことを一貫性が無いと批判的であまり信用していません。ただ、インドは中国との間に国境紛争を抱えていて、今でも死者が出るほどの紛争を起こしていますから、そういう意味では陸方面からの中国のカウンターバランスとして非常に重要だと思います。インド洋でもプレゼンスを持っていますので、協力関係は強めていくべきだと思います。

武居　ロシアと中国を取り巻く国際的な構図を劇画調に述べれば、悪漢二人が背中合わせに立っていて、その周りを警官が幾重にも取り囲んでいる。ロシアは西を向いて立ち、中国は東を向いている。両者ともに一人で警官たちに立ち向かう自信はなく、背中を離せば相手が裏切るかもしれないとお互いに思っている。だから離れられない。困るのは、この二人が自分たちのやっていることが正しいと信じていることです。だから、周りの国々にとってはとんでもなく迷惑になる。中国とロシアはもともとそういう関係ですから、いわゆる便宜的結婚（marriage of convenience）を繰り返す可能性が高く、国際環境が両国にとって厳しい状況である限りはこの関係が続いていくのだろうと思います。

日本との間には、中露ともに係争中の領土問題があります。もちろん日本は、尖閣を領土問題とは認めていませんが。両国とも外に向かって国境線を拡大することが安全保障上の基本的考え方ですから、どちらか一方でも領土で日本に譲歩することはまず考えられない。中国にとって、尖閣諸島は中国共産党の正統性に直結する核心的利益ですから譲歩は全くありえません。プーチン大統領が権威主義的な対外政策を強めているとき、北方領土問題も「解決しない」と腹をくくっておく方がいいと思います。

他方、日本にとって安全保障上優先すべき課題は、ロシアでなく中国ですから、対中牽制の視点から対露外交は領土問題と切り離して進めるべきだと思います。なかなか国内で支持を得るのは難しい視点だとは思いますが、全体の戦略環境を見るとそういうことにならざるを得ない。

西側でロシアを牽制しているNATOにとっては、安全保障上の関心はロシアと難民の二つです。中国への関心は、経済と安全保障との間で割れている。中国を牽制するためにアジアに関心を寄せて兵力まで派遣してくれる可能性があるのは maritime nation（海洋国家）であるイギリスとかフランス、将来的にはドイツが出すという話もありますが、それくらいに限られるだろうと思います。したがって、日本の対露外交はNATOの不審を招かぬように進める必要があると思っています。

兼原　ありがとうございます。実は私、ソ連が崩壊した時、外務省のソ連課で働いていたのですが、ソ連がロシアに生まれ変わっても、やっぱりアメリカが一番の敵なんですよね。むしろ米ソで世界を半分ずつ取り仕切ったことが、忘れられない栄華の夢になっている。最近は、アメリカが、最早ロシアを一番の敵として尊重しないことがロシア側の不満の源です。ロシアにとっては、アメリカに対峙するための保険が中国で、中国との関係は気を遣わざるを得ないと割り切っている。でも、中国が好きではないし、ましてや中国の子分になる気は全くありませんから、そこの部分だけ日本にも動く余地がある。つまり、ロシアにとって、対中関係がアメリカとの関係で生命保険になっており、対日関係は中国との関係でついてくるガン特約みたいなものです。ですが、そこに日露がもう少し接近する余地はある。日本がアメリカの同盟国である以上、日露接近には明確な限界はありますが、できる範囲で、戦略的に対露関係の改善を図っていく必要があると思います。

第2章　台湾危機への対応

兼原　次に台湾の問題に移ります。これから米中対立の激化が予想される中で、台湾の問題は必ず正面に出てくるはずです。日本にとっての、そしてアメリカにとっての台湾の重要性を認識し、戦略的価値の摺《す》り合わせもやっておかなければなりません。そもそも台湾自体の軍事力をどう評価するか、という問題もあります。台湾は、米中国交回復後、日米同盟のような米国との同盟関係はありませんので、米軍との共同作戦も共同訓練もない。ましてや日本とは何もない。実際に紛争が起こった時に誰が何をどうするのかも、静かに考えておかなければなりません。

米軍の支援を期待するにしても、台湾は米本土と1万キロ以上離れている。一方、大陸本土とは200キロも離れていません。距離は残酷です。仮に中国が台湾に攻め込むと決めたら、中国の侵略に反撃する米軍が到着する前に台湾の抵抗が終わってしまっている可能性すらあります。また、中国が進めるサイバー戦、宇宙戦、あるいはミサイルの飽和攻撃への備えは十分と言えるのか。あるいは中国に台湾を取られた時、我々が取り返せるのか。こうした点についてもリアルに考えておく必要があります。

台湾問題はダイレクトに日本にも関わってきます。反撃する米軍が日本の米軍基地や自衛隊を使わないはずはないので、台湾侵攻を試みる場合、中国はあらかじめ日本の無力化を図ろうとするでしょう。全面的に日本に斬りかかってくるのか。あるいは先島諸島や与那国等の、台湾に近い島々だけを攻撃対象としたハイブリッド戦を仕掛けてくるのか。そもそも先島諸島が北方領土の様に中国に奪われる危険はないのか。

私が懸念しているのは、日本の西南方面でサイバー攻撃、ＥＭＰ攻撃（電磁パルス攻撃）などを使って通信網や電力網が無力化され、自衛隊の継戦能力がなくなってしまうことです。また、経済面も心配です。中国が本気で日本と戦うとなったら、海上封鎖をするかも知れない。その場合、エネルギーと食糧と鉱物資源の輸入が途切れます。中国に深く根を張っている日本の製造業のサプライチェーンも対日制裁によって断絶されるでしょう。これに日本は耐えられるのか。

いちばん大事なのは日米同盟の機能です。日米同盟がいくら強固であるとはいえ、台湾を巡って事態がエスカレートしていくことを前提として、日頃から訓練しているわけではありません。集団的自衛権の行使だって、日本が法制度を作ったというだけで、一緒に集団的自衛権を行使するはずの米国との間で、日米防衛ガイドライン修正の話を突っ込んでしていない。日米同盟は、今のままで万が一の台湾有事に対応できるのか。台湾有事になれば、隣国の日本が被る被害は甚大でしょう。今世紀前半、日本の最大の戦略的課題は、台湾有事の抑止だと思うのです。

日本政府には、安全保障に関する帝王教育が欠落しています。総理が代わるたびに、本来、いの一番にやらねばならない有事対応のブリーフィングがなされていない。アメリカの大統領が交代すれば、就任前から詳細な安全保障に関する機密ブリーフが行われます。これでは万が一、台湾有事が起きた際、日本国総理大臣は米国大統領からかかってきた電話に、何と答えればよいかさえ分からないでしょう。

こうした点について、皆さんのご意見をぜひお聞かせください。

台湾は日本防衛の最前線

岩田　台湾は日本防衛の最前線である、という意識を持つ必要があります。台湾は中国にとっては核心中の核心ですが、日本にとっても守るべき第一列島線のすぐ西にある戦略上の要衝です。もし台湾が中国の専制体制に組み込まれてしまったら、台湾から与那国島までは110キロしかありませんから、ロケット・ミサイルを簡単に打ち込める。第一列島線の防衛ラインに穴が空いてしまいます。

アメリカも台湾は民主主義の砦だと考えています。台湾同盟国際保護強化イニシアチブ法案など、トランプ政権は特に台湾に肩入れをしてきました。今や台湾住民の約7割が自分を「中国人ではなく台湾人」と思い、8割が「中国に侵攻された時は戦う」と答えているように、独立意識が向上している。日本人も、同じ民主主義国の仲間として、台湾を助ける意思を明確にするべきだと思います。

では、実際に中国が台湾に侵攻してくるとしたら、どういう展開になるのか。これは『中国、日本侵攻のリアル』という拙著にも書いたのですが、複合領域に亘る短期決戦を仕掛けてくるのだろうと思います。軍事的威圧を加えながらも努めて軍事侵攻を避ける形で、斬首作戦により独立派を事前に相当数殺傷し、新政権を樹立して寝返らせるのが中国にとってベストです。それができない場合は、台湾国内に騒擾状態を作りだし、恫喝と経済封鎖と宣伝戦を組み合わせ、総統の斬首作戦と政権転覆を図り、あらゆる手段を駆使して米軍の介入を妨害し、米軍が来援できないうちに早期に軍事作戦により台湾を占領する、というシナリオがいちばんありうるかなと思います。

２０１９年、台湾を訪問して軍のトップ始め多くの将軍と話をしてきました。「あらゆる侵攻に対して国を守る準備をしてきている」との力強い言葉が印象に残っていますが、それでも台湾が独自の力のみで完全に守り切れるかは、中台の戦力比からみても相当厳しいものと認識しています。

兼原さんもおっしゃったように、中台紛争に連接して、日本に潜入した工作員によって与那国島が占拠され、石垣島、宮古島の重要施設も破壊されるという事態は充分にありえます。日本の人工衛星の破壊、サイバー・電磁波攻撃、通信や電力などの重要インフラ施設の破壊、自治体首長の転覆工作、フェイクニュースの伝播などによってこれら先島諸島全体に騒擾・混乱状態を作り出すことは可能です。先島諸島の空港・港湾やレーダー・通信施設等は自衛隊・米軍の作戦において極めて重要ですが、この工作活動により機能が停止してしまう危険性があります。中国にしてみれば、米国の来援を阻止するためには、台湾から１００〜３００キロに位置する先島諸島を無力化しておきたいし、占有できればベストです。もちろん、中国が先島諸島に直接武力攻撃を仕掛ければ、直ちに日米同盟を発動させることになり、台湾正面以外にも戦火を広げることになる。こういった二正面作戦は、戦略的には避けるべきものです。従って中国は、非軍事的手段と軍事的手段の併用、すなわち「ハイブリッド戦」によって先島諸島の自衛隊施設、空港、港湾を無力化する方法を採るものと思います。

このような宇宙・サイバー、電磁波などの新しい戦争領域やハイブリッド戦に対する日本の対応能力はまだまだ充分とは言えないので、真剣に準備しておくべきです。

陸上自衛隊はここ数年、与那国島、宮古島及び奄美大島にも部隊を配備してきていますが、石垣島への配備も急ぐ必要があります。また情勢が緊迫した時には、陸上自衛隊の主力を一挙に南西諸島に緊急展開して防衛態勢を固め、抑止力を強化する計画ですが、このための様々な施策も強化する必要があります。

有事には台湾にいる同胞をどう帰国させるかという問題も発生します。これは武居さんも参加した笹川平和財団でのシミュレーションでも出てきた問題点ですが、もし台湾有事になったときには在住同胞2万人、旅行者2万人、合わせて4万人の日本人を我々は救わなければならない。正規の外交関係がない中、平素からしっかりと調整・準備・訓練をしておくべき課題だと思います。

このような準備を進めるには台湾当局との連携が欠かせませんが、1972年以降、正式な国交が断たれ、また中国の反発に配慮して連携が進んでいないのが現状です。1972年の日中共同声明当時、外務省条約課長として日中国交正常化に携わった栗山尚一元外務事務次官も回顧録で述べられていますが、声明にある一国二制度を「理解し尊重する」の意味を再確認することが重要です。台湾との関係を見直し、自衛隊を含む政府機関の相当上のレベルにおいて平素から連携を取り、いざという時に真に助け合える国家関係に進化させることが必要です。

中国の弱み

武居　台湾問題は中国共産党にとっては歴史問題でもあります。日清戦争後の下関条約によって1895年に日本に割譲され、太平洋戦争後は国民党に支配された台湾の統一は、彼らにとっては「絶対に解決されなければならない対日歴史問題」なのです。中国共産党が一党支配を続ける正統性に直結する問題ですから、何が何でも達成しなければならない。

2019年以降、中国の当局者は「台湾統一の際には武力攻撃も辞さない」と表明する機会が増えました。最初は習近平国家主席が1月2日に行った台湾談話。これで習主席は中国と再統一を台湾の人々が受け入れるよう促して「中国は平和統一に向けて努力しているが、武力行使を放棄し、必要な措置を全て留保するとは約束していない」とも述べました。続いて魏鳳和国防相はアジア安全保障会議(シャングリラ会合)で「台湾を中国から切り離そうとするなら、中国軍は国家統一のために何としても戦うしかない」と述べました。中国の国防白書も同じトーンで「中国は台湾統一のために必要なすべての措置を取る」と繰り返しました。いずれにしても、我々は中国共産党が台湾統一を真剣に考え始めていることを認識する必要があると思います。

米中の軍事バランスは中国に大きく傾きつつありますが、このまま米中の軍事バランスが逆転するとは限らない。アメリカは中国のA2/AD戦略に対抗する新たな武器(極超音速長距離ミサイルなど)の開発や戦術の開発を急いでいます。歴史的にゲームチェンジャー技術が有効な期間は短く、相手が対抗策を持つか同等の装備を持ったときにゲームチェンジャーではなくなります。中国の誇る各種長射程ミサイルも、アメリカや日本が同じものを持てば効果が相殺されてゲームチェンジャーではなくなる。また、インド太平洋地域において中国に同盟国はありませんが、アメリカには同盟国や友好国が多く存在しており、軍事的なネットワークがある。安心はできませんが、アメリカの対中軍事バランスが大きく崩れる可能性は低いと思っています。

台湾の軍隊も、決して弱い軍隊ではない。岩田さんが台湾軍トップの話として紹介したように、大陸から台湾海峡を渡って侵攻してくる敵をどのように撃退するか、彼らはもう70年にわたって研究して、それにふさわしい武器体系を揃え訓練しています。また台湾の地形を見ると、急峻な山岳が多くて平地が少ない。まさにゲリラ戦に最適な地形をしており、上陸に成功しても平定には多くの時間がかかる。ミサイル攻撃だけでは相手が屈服しないことは近年の戦史が示すところです。明治政府が台湾併合後に台湾原住民を鎮圧するのに約10年を要したことを考えると、中国もやすやすとは手が出せないと思います。

しかも、１９７９年から２０１５年まで行われた一人っ子政策の影響で、中国軍の実動兵力である10代から40代の兵士はほとんど一人っ子です。儒教文化の中国では一人の兵士の肩に６人（両親２人、祖父母４人）の肉親が乗っている場合が普通であって、兵士は年老いた肉親を養わなければならない。兵士一人を殺すのは中国共産党にとっても非常に重い決断であろうと思います。そう考えると中国は、戦略目的の達成のために、長期に亘るグレーゾーンの戦いを行うか、軍事力を使わなければならなくなった場合に備え、平時から中国優位となる環境を整えようとしていくでしょう。有事になれば、無人機など自律型ロボット兵器を多用することになるだろうと思います。

では、日本が有事にそなえて平時から想定しておくべきはどんなことか。台湾政府は、有事になれば早い段階からアメリカや日本を巻き込むように働きかけてくるでしょう。場合によっては先島諸島や沖縄本島などへの在台湾外国人の避難、あるいは台湾空軍機の在沖縄米軍基地への避退といったケースも考えられます。尖閣諸島をトリガーにして、日本政府を東シナ海に引き出す可能性もあります。

また、中国軍が在日米軍基地を軍事攻撃すれば、日本政府は間違いなく武力攻撃事態を認定しますし、米軍を関与させない目的を持って自衛隊の基地のみに攻撃を加えた場合にも、アメリカは日米安保条約5条事態を認定しますので、台湾有事への日本の政治的決断はバイナリーの選択、つまり「するかしないか。するならばいつするのか」の問題となります。

したがって日本政府としては、平時やグレーゾーンの事態における海上保安庁と自衛隊の対応要領、官民共同での情報戦への備え、戦争に至らない段階において台湾防衛に従事する米軍兵力への支援に関する法的枠組みと限界などについて、繰り返しアメリカと共有しておく必要があります。また、重要影響事態と認定した場合の米軍支援についても、具体的な支援項目を日米で話し合って結論を得ておくべきです。

また、日米のＮＳＣが参加する図上演習は、日米の相互理解や総理の決心のタイミングや内容など、関係者が事前に想定を練り上げる重要なツールとなりますから、是非とも行うべきです。

むしろ近年が危ない？

尾上　台湾危機はいつ起こるか。個人的にはここ数年、特に２０２４年までが危ないのではないかと思います。なぜそう考えるかというと、一つはコロナ危機と米国の各種制裁で中国の経済成長が難しくなっていること。「何が何でも経済成長を実現する。それによって世論の不満を抑え込む」という共産党統治の正統性を支える土台が揺らぐかもしれない。そうなると、正統性を強める意味でもよりいっそう、台湾併合へのインセンティブが働く。習近平政権は、そういう状況に追い込まれつつあるのではないかと思います。

もう一つは、2020年5月の蔡英文総統の2期目の就任式に、ポンペオ国務長官がビデオメッセージで祝福をしたように、米国の台湾支援が明らかに強化され、台湾が西側の一員である現状が固定化されつつあることです。中国から見ると、「待っていると状況が悪化するなら早いほうがいい」となるかも知れない。その証拠に、台湾周辺での中国の海軍、空軍の活動は砲艦外交と言えるほど活発になっている。

台湾有事はどのような戦争になるのか。中国の台湾侵攻シナリオについて研究した「プロジェクト2049研究所」のイアン・イーストン(Ian Easton)が、『中国侵攻の脅威』という著書で具体的なシナリオを書いています。中国は、「Joint Island Attack Campaign」即ち統合島嶼攻撃作戦という本格的な侵攻作戦を準備している、と結論しています。イーストンは2019年1月に発表した論文で、人民解放軍は五つの計画を持っている、と分析しています。まず第一が統合火力打撃戦ということで、弾道ミサイルや巡航ミサイル、あるいは爆撃機の爆撃によって台湾の軍事拠点を徹底的に叩く。次に海上封鎖による台湾の孤立化。三つ目が台湾海峡を越える着上陸侵攻。四つ目が、アメリカが参戦してきた場合のカウンター攻撃や防空作戦。五つ目は、インドなど係争中の案件を抱える国から紛争を仕掛けられた場合への対処作戦。この五つの本格的な軍事計画を持っている、とイアン・イーストンは分析しています。

これに対して、台湾は２０１９年９月の国防報告で新しい軍事戦略を明示しました。侵攻してくる敵は海岸線で必ず撃滅する、という総合防衛構想（ＯＤＣ）です。台湾の軍人と話をすると、基本的に「3カ月もつようにがんばる」と言います。自分たちだけでは無理だが、アメリカが介入してくれるまでは自分たちで何とか持ちこたえる、と。しばらく前の日本の「小規模侵攻独力対処」みたいな考え方ですが、１２００発を超える弾道ミサイル攻撃と空爆に耐えるのは非常に厳しいと言わざるを得ません。

中国は20年以上かけてＡ２／ＡＤの態勢を構築してきましたが、アメリカはまだ本格的な対中戦略に基づく戦力態勢を作り上げていません。だから中国は、「長期的に見たらアメリカに対する優位は失われていくが、短期的に見たら勝てそうだ」という判断をする可能性があるのではないかと思います。

仮に戦争になったらどうなるか。当然、日本にも波及します。先ほど岩田さんもおっしゃいましたが、中国は本格的な攻撃よりもまずはハイブリッド戦で台湾国内の治安を不安定化させて傀儡政権を擁立し、政府だけ占拠してしまうようなやり方を狙うと思います。そういうハイブリッド戦の段階では、中国はアメリカの介入を招きたくないので、嘉手納空軍基地など在日米軍の主要拠点を攻撃してくることはないだろうと思います。仕掛けるならむしろサイバー戦とか、「日本が余計なことをしたら中国にいる日本人の安全は保証できない」「日本企業の財産を差し押さえる可能性が有る」というような外交的、経済的な脅しになるのではないか。

他方、それでもラチがあかないとなったら、アメリカの介入も想定した上で先制攻撃を仕掛けてくるでしょう。嘉手納にミサイルが1発落ちたら日本に対する武力攻撃事態として防衛出動になりますから、そこからは日米共同で作戦発動ということになる。自衛隊としては統合機動防衛力をもって南西諸島防衛と米軍支援をやるという話になりますが、「その準備はできていますか」と問われれば、できているとはとても言えない。

「米台合同軍事作戦」は現実的でない

武居　我々が心しておかねばならないことは、「台湾有事の際に尖閣に何も起こらないということはありえない」ということです。反対に、尖閣事態だけに絞って戦略や作戦計画を立てるだけでは不十分ですし、意味がない。先ほど、台湾から与那国島まで１１０キロという話がありましたが、軍事的な感覚からすればこれはとても近い。石を投げれば届く距離です。有事の際、台湾と中国の軍用航空機は必ず日本の領空に入ると考えるのが合理的ですし、軍艦は必ず領海に入る。日本の領海、接続水域、そして排他的経済水域で中台海軍の海戦は当然起きます。中国と台湾の争いがあったとき、日本が第三者的な立場を取ることは非常に難しい。というか、不可能でしょう。

岩田　中国の立場から見ると、台湾有事の際、アメリカの介入や日本の関与はできるだけ遅らせたいし、できれば最後まで介入させたくない。介入されたとしても、複数正面での対応をアメリカ・日本に強要し、台湾に投入される戦力規模を最小限にしたい。そのためには、グレーゾーンの段階で尖閣周辺に武装漁民を送り込むとか、海警の船舶を海上保安庁と対峙させることにより日本政府の関心や機能を台湾正面から削ぐような作戦を当然やってくると思います。また朝鮮半島も連動させてくると思います。アメリカの戦力を分散させるため、中国が北朝鮮に半島の緊張状態を高める行動をとるよう促すことは躊躇しないと見るべきでしょう。台湾有事は、地域全てを巻き込む状況になることを認識すべきで、皆さんが指摘されるように、台湾有事において、日本は好むと好まざるとにかかわらず、必ず当事者になってしまうのは明らかです。兼原さんのご指摘のとおり、日本にとっての大きな戦略的課題であるにもかかわらず、中国との関係に配慮してか、これまである意味アンタッチャブルにしてきた歴史があります。事は日本の国益に関わる課題です。速やかな対応準備が緊要です。

尾上　これは兼原さんに教えていただきたいのですが、台湾関係法（Taiwan Relations Act）についてです。アメリカの国内法で、武力による台湾の現状変更や、台湾の意思に反するような事態が生じた場合、これをアメリカの問題だと捉えて、それを防ぐための能力を維持するとしています。しかし、「台湾を守る」とはどこにも書いていない。6月16日に台湾防衛法（Taiwan Defense Act）が議会に提出されて、この法案は割と踏み込んではいますが、本当に台湾でドンパチが始まったときに、アメリカは台湾防衛にどこまで踏み込むのでしょうか。

兼原　米国には台湾を防衛する国際法上の義務はありません。台湾は国ではありませんから、同盟条約はありません。米国の国内法で台湾防衛の能力保持を定めているだけです。では実際にアメリカが台湾を守るかと言うと、それは政治と軍事で違う次元の話になると思います。政治的には、自由主義、民主主義護持の大義名分がある。「何故、台湾で米兵が死なねばならないのか」という反論は出るでしょうが、台湾は2300万人を抱える民主主義の島です。それをむざむざ共産党独裁の中国に奪われるのを指をくわえて見ていれば、誰もアメリカを信用しなくなる。アジアの人々は、アメリカが台湾を捨てるなら、いずれ韓国も日本も捨てるに違いないと思うでしょう。なんだかんだ言っても、アメリカは自由世界の主宰者だという自己意識が強烈です。アメリカという国のイデオロギー性を過小評価するべきではない。

しかし、軍事的には別の次元の話になります。仮に、米国大統領が有事に台湾を支援しようと思えば、統合参謀本部議長に「大丈夫か。どうやるんだ」って聞きますよ。米軍は強大ですから、何とかドタバタやるでしょうけれども、実際問題として、共同の作戦があって毎年演習をしていないと、違う国の軍隊同士が共に戦うことは容易ではない。米軍は単独でも相当なことがやれるので、「台湾防衛はできない」とは言わないでしょうけれど、今の態勢では米台共同作戦はなかなか難しいというのが現実じゃないですか。

尾上　自衛隊は日米共同統合演習をずっとやってきたわけですよね。それでも実際に演習をしてみると、いろんな基準の違いだとか行動の違いだとか、細かい話がいっぱい出てきます。これだけ自衛隊と米軍が一緒にやっているにもかかわらず、まだそういう不安が残る。

台湾には日米安保条約みたいなしっかりした条約もないし、日米の共同統合演習のような演習もない。大陸からの攻撃を想定した台湾の漢光演習でも、アメリカはオブザーバーとしてアドバイスをする程度です。

岩田　栗山次官の回顧録を読むと、日中共同宣言を作った時に、台湾統一は軍事統一を前提にしていない、ということで日中は合意しているんですよね。だから、軍事的な意味で中台紛争になったときには、それをさせないために台湾と連携することは認められる。平和統一については国内問題だから口出しできない。しかし、軍事統一はもともと認めていないしありえない話なので、その場合には日本にも影響があるから台湾と連携します、ということならエクスキューズ（名目）も成り立つし、やっておかなければいけないことでもある。

兼原　ただし、静かにやらないといけません。中国外交は、プロパガンダや責任転嫁がとても上手《うま》い。自らが緊張を煽っても、必ず日米が緊張を煽っているという宣伝に入ります。また、人民解放軍の中にはゴリゴリの国粋主義者もいますし、正統性の欠如に苦しむ中国共産党からすれば、対外的な脅威を煽って愛国心を掻き立てることは、決して悪いことではないですから。

リーマンショック後に世界経済を引っ張って以降、中国人の大国意識は膨れ上がっています。拡張主義的なナショナリズムが、乾燥した枯葉の様にとても燃え広がりやすくなっている。また中国人は歴史的に王朝人、貴族文化です。日本やロシアのような武門の国ではありません。面と向かってメンツを潰されると瞬間的に激しく興奮する。

日本は台湾に軍事協力せよ

尾上　今、岩田さんと兼原さんがおっしゃられたようなことは、けっこうハードルが高いと思いますが、もっとハードルの低い部分でもできることはあります。例えば我々のようなＯＢが学術的なセミナーをやって台湾の防衛戦略や日米同盟の役割について議論し、双方の意思疎通を図るといったような。

わたしは今、ＡＩの軍事への応用について勉強していますが、ＡＩのような新興技術は台湾はすごく進んでいます。そちらの面で自衛隊はだいぶ遅れていますので、台湾と一緒になってレベルアップを図る。あるいは人民解放軍に関する研究でも、彼らは言葉のハンディがありませんから、蓄積されたノウハウや知識を持っているので、それを研究交流で吸収させてもらうとか、やり方はいろいろあります。平時の情報共有はなかなか難しいですが、例えば中国軍機の動きをカバーしているレーダーの範囲は日台で違いますから、双方で情報を共有し突き合わせれば台湾周辺での中国の動きが全部わかるようになる。

岩田　今、尾上さんが提案されたOBによる議論は、現役同士の連携をサポートするいいステップになると思います。民・民レベルのトラック2、或いは一部現役関係者を含めたトラック1・5の枠組みなど、様々な対話の機会を強《したた》かに設定し、両国がいざというときには、滞りなく安全保障上の協力を進められることを目的とした検討を静かに、着実に進めて行くことも重要です。幸い2019年5月11日、台北において、日本と台湾の安全保障論議の活発化を目指し、日本の研究機関と台湾の学会が覚書を締結しました。この覚書は日本安全保障戦略研究所と台湾戦略研究学会が締結したもので、今後は毎年、東京と台北で各1回、討論会を開く予定と聞いています。この第1回目の討論会においては、出席者から、将来はこの民・民レベル「トラック2」の対話を、半官半民

「トラック1・5」レベルとともに「日米台のトライアッド」に発展させたいとの意向も示されたとされており、このような枠組みを広く進めて行くべきと思います。

ただ問題なのは、日台現役同士の正式な対話は中国に遠慮してか、そして外交関係がない事からも、これまでほとんど実現していないと認識しています。しかし、台湾有事は、日本有事に派生します。他人事《ひとごと》ではない、日本防衛そのものです。それほど台湾との連携が重要にもかかわらず、連携も取れないまま中台紛争が生起した場合、行き当たりばったりの、国家危機管理としては最悪の状態で対処していく事になります。本当にこれでいいのか。

例えば日米防衛交流の場に台湾がオブザーバーで参加して3カ国による対話の場を持つというのも一案と思います。中国からクレームがあっても、「米国の要請によるものだ」と撥ね付けることもできるでしょう。とにかく、何かの形で段取りゼロの状態を「段取り八分」に持って行く知恵を出すべきです。

武居　台湾軍が困っているのは、新しい装備を自由に買えない、買った装備のメンテナンスができないという問題です。アメリカが台湾に輸出する装備品は、だいたいが退役間近の中古品か、未使用でも型落ちした装備品です。最新鋭の装備ではない。そこには政治的な対中配慮もあるでしょう。哨戒機であれば最新のP－8ではなく、近代化改修を施したP－3Cを売りました。だから、台湾が装備品のメンテナンスをアメリカの製造元に頼もうとしても、とっくに生産ラインが閉まっていて対応できない場合がある。その点、日本にはアメリカからライセンス生産で導入した装備品のメンテナンスをアメリカより長く国内でできる体制があります。アメリカができなくても日本でできる。

しかし、これはやったことがない。日本政府に台湾からのリクエストが正式に届いた場合、中国のことを慮《おもんぱか》って経産省や外務省が断るのか。あるいは受けるのか。いずれにせよ、台湾の軍事力が強くなるのは、この地域の平和にとってプラスになりますから、装備のメンテナンスには日本が可能な範囲で協力するべきだと思います。

兼原　台湾もそうですけど、ＡＳＥＡＮの国々でもアメリカ製兵器のメンテナンスやトレーニングを日本ができたらいいと思います。できれば日本の防衛装備を売って、同時にメンテナンスやトレーニング、更には空港、滑走路、港湾、道路などの軍事施設の公共事業も一緒にやってあげられるといいのですが。

残念ですが、この程度の当たり前の問題も、日本では未だに政治的に微妙なテーマになるんですよね。日本の政府開発援助（ＯＤＡ）は、軍事施設の建設を未だに認めていません。港湾や空港など、軍民共用施設の建設でさえ嫌がる。外務、経産、財務、国交といった政府開発関係の諸官庁は、巨額のＯＤＡ予算を使いながら、平和主義のイデオロギーに縛られて、安全保障上の国益には配慮できずにいます。いっそ防衛省の能力構築支援の予算の方を拡充して、防衛省が直轄で友邦の軍事施設や軍民共用施設の建設などの支援ができるようにしてはどうかと思います。

第3章　朝鮮半島

兼原　次に、朝鮮半島問題に移りたいと思います。北朝鮮の脅威ですが、そもそも北朝鮮の軍事能力、特にミサイル、サイバー攻撃力、EMP能力などはどの程度のものなのか。また、長期的に見て現在の体制がどこまで続くのか、という根本問題があります。

私の考えを最初に申し上げます。中国にとって、遼東半島と渤海湾に近い朝鮮半島は、戦略的要衝です。それは、九州に向かって大陸から突き出している朝鮮半島を、我々が戦略的要衝と位置付けているのと同じことです。どちらから見ても、朝鮮半島は戦略的に重要なのです。

中国は、朝鮮戦争で血を流して奪い返した北朝鮮を、アメリカ側には絶対に渡さないでしょう。朝鮮半島北西端から北京までは、あまりにも近い。しかも陸上の障害物がない。アロー号事件の時（1856年）は、渤海湾の天津から上陸した英仏両軍が北京を蹂躙しました。しかも最後にロシアとアメリカも相乗りしてきた。その後、ロシアには沿海州を取られています。

日清戦争の後は、遼東半島をロシアに抑えられ、山東半島ではドイツに青島を取られ、イギリスに威海衛を抑えられた。そして最後に朝鮮半島を日本に取られた。朝鮮半島、遼東半島、山東半島、そして渤海湾は、北京とは目と鼻の先の戦略的要衝です。中国は思うほど広くない。中国は、あの時の恐怖と屈辱を忘れていないでしょう。

そもそも、統一新羅が唐に屈して以来、日清戦争後の大韓帝国独立まで、朝鮮半島は中国の属領でした。今、再び大国の地位に返り咲いた中国が、朝鮮戦争で確保した朝鮮半島の北半分を手放すはずがない。中国は何があっても北朝鮮を支えるでしょう。もし北朝鮮が崩壊すれば、或いは西側に寝返れば、中国は介入して傀儡政権を立てることもやりかねない。つまり、このまま中国が西側と対峙し続ける以上、朝鮮半島における南北分断と緊張は、今後も続くということです。

では、北朝鮮に対峙する韓国はどうかと言えば、韓国政府の戦略的方向性は、はなはだ心許ない。日米韓の防衛協力は全く進んでいません。これは現在の韓国が左翼政権だからです。あれほどの大国になりながら、未だに小国のように米中間で戦略的立ち位置をふらふらさせている。しかも、韓国防衛上の命綱と言うべき日本の重要性が全く理解できていません。

日本は、ガイドライン関連法による対米軍後方支援の実現、平和安全法制による集団的自衛権行使と、着実に周辺地域の安全に貢献する体制を整えてきているのですが、韓国は逆にどんどん日本から離れていこうとする。しかし、在韓米軍は日本なしには戦えませんから、結局、今の文在寅政権は日本にタダ乗りしているのと同じです。北朝鮮は、既に核兵器を配備している。朝鮮有事に日本が巻き込まれれば、日本は核攻撃を受けるかもしれない。だから日米韓で万全の抑止体制を組む必要がある。韓国には、この「生きるか死ぬか」という切迫感が全くない。困ったものです。このままでは、日本の世論から、朝鮮半島有事にコミットすることへの反発が出る危険さえある。

また、そもそも政権が左翼であれ保守であれ、歴史的に朝貢国家であった韓国の対中恐怖感は非常に強い。韓国に朝鮮半島外での日米への協力を期待することはできない。台湾有事の際には、アメリカから強烈なプレッシャーがかかるとは思いますが、それでも恐らく何もしてくれないでしょう。

もう一つ怖いのは、ミサイル能力の不断の向上です。北のミサイルは、韓国はもちろん、グアム、ハワイ、日本にも届きます。朝鮮有事が始まれば、直ちに日本やグアムにも北のミサイルが飛んできて韓国、日本、グアム、ハワイが「一つの戦域」となり、地域全体が戦争に巻き込まれる恐れがある。次の朝鮮有事は、直ちに日米韓の三国を巻き込んだ有事に発展する可能性が高いと思うのです。

現在、東京とソウルが相互の防衛に関しては没交渉の状態ですから、アメリカが要になります。しかし、日米同盟と韓米同盟の調整は大丈夫でしょうか。日本防衛を担う米インド太平洋軍と、韓国防衛を担う在韓米軍の調整がうまくできるのか。朝鮮有事の際、在日米軍の役割は、本来は後方支援とされていますが、もし日本に北朝鮮のミサイルが飛んでくれば、日本は直ちに防衛出動し、在日米軍は日米安保条約5条の日米共同対処を開始することになります。自衛隊と在日米軍、そしてハワイのインド太平洋軍が日本防衛のために北朝鮮への反撃に入ることになります。こういう時、日米同盟と韓米同盟が切れたままで、米軍内の調整が本当にうまくいくのだろうか、更には日米韓政府の調整がうまくいくのだろうか、という心配があります。

最後に、北朝鮮崩壊後の朝鮮半島の政治体制はどうなるか、つまり朝鮮半島の将来像の問題です。北朝鮮の体制そのものが大きく不安定化すれば、中国が介入してくる可能性は高い。中国は北朝鮮を手放さない。これに対して、日本政府は90年代から「拉致と核の問題が片付けば大規模に経済支援をしていく」と言ってきました。米国もクリントン大統領以来、似たようなメッセージを発出しています。オバマ政権は北朝鮮に無関心でしたが、トランプ政権は同様のメッセージを声高に伝えています。これは言外に、冷戦末期の東欧支援の様に、北朝鮮の経済改革と民主化を促進して西側に引き込みたいと言っているようなものです。中国は、神経を逆撫でされていると思っているでしょう。統一朝鮮が日米同盟の側についてくれることが、私たちにとって一番うれしいのですが、果たして中国はそれを許すのか。最終的な朝鮮半島の姿はどうなるのか。米国が中国と勝手に手を握ってしまうリスクはないのか。

こういう点について、皆さんのお話を聞かせていただければと思います。

有事に韓国を当てにしてはいけない

岩田　我が国にとっての北朝鮮の脅威は、ノドンミサイルと10万人以上いると言われる特殊部隊だと思っています。金正恩《キムジョンウン》は自らの体制、そして国の生き残りを核・弾道ミサイルに委ね、非対称兵器としての特殊部隊の活用で戦力を補おうとしています。対日本用とされるノドンミサイルは射程1300キロ程度とされ、本州以西を射程に収めますが、100発から200発保有するとされています。もちろん対アメリカ用とされる火星14号や15号など大陸間弾道ミサイルも相当数保有し、2017年に日本海に着弾させたように、ロフテッド軌道という高射角で射撃すれば日本を攻撃できます。

それから、ロシア製のイスカンデル弾道ミサイルと酷似している極超音速滑空兵器（KN23）を19年に発射しましたが、約600キロ飛翔したとされます。これは北九州と中国地方には届く距離で、今後射程の延伸も図るものと思われます。この滑空兵器の特色は、弾道ミサイルのように高度数百キロの高い弾道放物線を描いて落下する軌道ではなく、レーダーに見つからないように百キロ以下の低い高度を変則的に飛翔するため発見しづらく、また速度もマッハ5以上の極超音速で向かってくるため、現在日本全体をカバーできる迎撃装備は存在しません。この新兵器は北朝鮮の他、ロシアが「アヴァンガルド」（射程約6000キロ）を実戦配備し、中国も「DF17」（射程約2500キロ）という極超音速滑空兵器を軍事パレードで公にしました。

これら迎撃が困難と言われる兵器への対応を確実にするためには、これを撃ち落とせる迎撃ミサイル等の防御的兵器の開発が一つ。もう一つは、撃たれたらその発射基地に撃ち返す反撃力を保有することです。現在、対北朝鮮戦略において、「敵基地攻撃力」あるいは「ミサイル阻止力」について議論がなされているのも、そのためです。

防御の術《すべ》がない、あるいは極めて防御が困難な兵器に対しては、反撃力を持つことにより攻撃を抑止する以外に方法はありません。議論が複雑になっているのは、高高度に上がった後で放物線を描いてくるものに対する対応（注：イージス・アショアはこちらへの対応）と、極超音速ミサイルのように低高度を不規則弾道かつ猛スピードで向かってくる非常に捕捉しづらいものに対する対応が、一緒になっているからだと思います。両方の脅威に一つの装備では対応できません。したがって、イージス・アショアの代替策は代替策としての迎撃ミサイルシステムの整備をする。極超音速滑空兵器対応には、米軍の打撃力も考慮においた上で、自衛のための反撃力を整備することが重要です（注：2020年12月に、イージス・アショアの代替策として「イージス・システム搭載艦」2隻の新造が閣議決定された）。

次に米朝の核交渉はここ数年、平行線のままで成果を挙げていません。それもそのはず、金正恩にとって核・弾道ミサイルこそが米国と交渉できる唯一の武器であり伝家の宝刀ですから、核の放棄はしないものと思っていた方が、戦略を誤らないと思います。

朝鮮半島全体を見た場合、我が国として最も厄介なのは、南北の統一がなされ、核を保有したまま中国寄りの統一国家が誕生することです。韓国は、国防白書において、「北朝鮮は主敵」という表現を削除しました。文在寅政権は、北の核やミサイルが韓国を向いているとは思っていません。その一方で、韓国は日本を潜在的敵国と位置づけた可能性が高い。国防予算において、周辺国に対抗する戦力のための「周辺国予算」なるものを組みましたが、この「周辺国」とはどこを示すのでしょうか。日米韓のＧＳＯＭＩＡ（軍事情報包括保護協定）の軽視や、韓国海軍による自衛隊機へのレーダー照射の一件を見ても分かるように、韓国の将来の姿、そして朝鮮半島の体制の変化に応じた戦略を立てて行くべき状況にあると思います。今は在韓米軍が駐留し、38度線において北朝鮮と対峙していますが、最悪、在韓米軍が撤退し、対峙するラインが対馬海峡へ下がった場合のことも念頭に、国家安全保障戦略を練り直す必要があると思います。米軍の撤退に関し、韓国の保守派は反対するでしょうが、米国よりも北朝鮮、中国が大事な左翼政権にとって米軍撤退は望むところでしょうし、中国にとっても在韓米軍の撤退は北東アジアから米国の影響を排除して覇権を拡大するこれ以上ないチャンスとなるでしょう。

兼原さんが懸念されている朝鮮半島有事の際の作戦調整ですが、米軍からは問題ないというふうに聞いています。指揮官が同格であっても、任務の特性に基づいて、作戦における被支援部隊（Supported）と支援部隊（Supporting）との地位を明確にするため、作戦調整において基本的に問題となることはありません。朝鮮半島有事における作戦は在韓米軍司令官（米韓連合軍司令官、朝鮮国連軍司令官も兼務）が責任を持ち、ハワイを拠点にする米インド太平洋軍司令官はこれをサポートする立場です。また作戦に責任を持つ地域も半島一体を在韓米軍司令官、それ以外の太平洋地域をインド太平洋軍司令官が持つように明確化されています。

兼原　教えて頂きたいのですが、朝鮮半島有事の際に自衛隊が米海軍と一緒になって北朝鮮の潜水艦を撃滅する作戦を担当するとなった場合、この作戦と、朝鮮半島の中で韓国軍と共に北朝鮮軍と戦う在韓米軍の作戦は別々になる、ということですか？

岩田　そうです、指揮系統は別です。

兼原　では、仮に日本がミサイル攻撃を受けた時、北朝鮮のミサイル基地を無力化するために反撃するとなったら、どう調整するのですか。在韓米軍の対北朝鮮作戦とは無関係に、インド太平洋軍が日本防衛のために北朝鮮のミサイル基地を叩くとは思えないのですが。

岩田　それは、国家間の意思決定として日米両政府、次いで戦略打撃に関わる調整として国防総省と防衛省、さらに反撃作戦に関わる調整として在韓米軍及びインド太平洋軍と統合幕僚監部の調整が必要となります。もちろんこれらの調整に在日米軍も関与しますが、日本が有事となり日米安保条約５条が適用された場合は、日本防衛作戦を担任する統合任務部隊指揮官が別に定められるでしょう。東日本大震災の際は、米軍の統合任務部隊指揮官は在日米軍司令官ではなく、太平洋艦隊司令官が指名されましたが、日本防衛となればさらに上級のインド太平洋地域全域の作戦責任を持つインド太平洋軍司令官が指名されることになるでしょう。そうなるとインド太平洋軍司令官は日本防衛の責任者と同時に、朝鮮半島作戦に対する統合支援部隊指揮官の任務も遂行することになります。

統合幕僚監部は、米統合参謀本部、米インド太平洋軍司令部、在韓米軍司令部及び在日米軍司令部と日米調整を継続しなければなりません。同時に総理、防衛大臣を支えつつ、関係省庁、自治体との調整も重要となりますが、これらに確実に応えられる組織になっているのか、あるいは平素からそのための実際的な訓練がなされ、いざという時に機能する状態なのかは大変重要な課題です。この点は後ほど議論されると思いますので、ここでは指摘に留めたいと思います。

兼原　在韓米軍司令部は、日本の自衛隊の統合幕僚監部とは直接調整しないと思います。その権限がないし、そもそも在韓米軍の後ろにいる韓国政府が許さないでしょう。韓国政府は、自らの同意なくして日本が北朝鮮を攻撃することを許しません。日本は同意したことはありませんが、「北朝鮮は韓国の一部だから」というのが韓国の立場です。日本もそのうち打撃力を持つでしょう。北朝鮮が日本をミサイル攻撃した後の反撃は、日米共同の反撃ということもあり得ます。そのとき、在韓米軍、あるいは、韓国政府との調整は、米統合参謀本部が間に入るか、日米韓の防衛首脳が話し合うか、さらにはその上の日米韓の指導者が話し合うしかないのではないでしょうか。私は、韓国政権が文在寅政権のような親北朝鮮の左翼政権の場合、とても調整が上手くいくとは思えないのですが。

岩田　統合幕僚監部と在韓米軍司令部の一対一の調整は指揮系統上ないと思いますが、作戦に関係するメンバーが一堂に会した、リモートによる日米会議の場において、或いはインド太平洋軍・在日米軍司令部を通じての調整は必要ですし、重要です。もちろんこれは政治決定がなされた上での作戦遂行上の軍事的な調整を念頭に置いていますが、兼原さんがおっしゃるように、将来日本が日米共同による反撃を北朝鮮に対して実施する場合の政治的な問題は、政治の場による解決しかありません。在韓邦人輸送における韓国との調整において、自衛隊の航空機・艦艇が韓国に着陸・着艦することさえも韓国政府から認められない現状からしても、兼原さんのご指摘のように、北朝鮮に対する日米共同の反撃は韓国政府から反対意見が出るでしょう。この現実を日本の政治リーダーは認識した上で、平素からの日米韓の関係を考えて行くべきです。

北朝鮮からやってくる難民はどれくらいの規模になるか

岩田　朝鮮半島有事において、脅威とは言えなくとも、しっかり準備しておかないと大混乱を引き起こす事態があります。邦人の輸送（救出）は台湾においても課題がありますが、韓国においても問題があります。これまでの調整においては、輸送（救出）に向かう自衛隊の航空機・艦船の着陸・入港を、韓国が認めないことから米軍に頼らざるをえないのが現状です。在韓邦人約3万人に加え旅行客約3万人を緊迫した状況の中、いかに日本に連れ戻すのか、入念な計画と調整を平時に完成しておく必要があります。

もう一つの事態は、北朝鮮からの大量避難民の収容です。1999年頃だったと思いますが、私も参加した検討においては、何万人という難民が流れてきてパニックになる可能性が指摘されました。避難民が疫病を持っている可能性もあります。受け入れ体制としては茨城県の牛久と長崎県の大村に入国管理センターがありますが、収容人数は合わせて1500人程度です。だから、現実的には山陰とか北九州のどこかで隔離するしかありません。検討当時は、自衛隊の演習場内にある廠舎《しょうしゃ》（簡易的な宿泊施設）を活用することも考えました。

朝鮮半島有事には、米国の介入及び米軍の展開を阻止・混乱させるため、北朝鮮は武装工作員を日本に送り込み、すでに潜伏している者も含め、在日米軍基地を含む重要インフラや政経中枢の破壊活動を行い、パニック状態を起こそうとするでしょう。その結果、日本国内に厭戦《えんせん》気運が醸成され日米離反に繋がれば、北朝鮮の思うツボです。陸自はこれら武装工作員から重要防護施設を防護するために、全国に展開するとともに、朝鮮半島の平定のために活動する米軍の支援も行います。したがって、何万人という避難民の収容に割ける隊員数は非常に限定されます。

兼原　実は私もこの問題を担当したことがあります。朝鮮戦争当時を調べたら、難民だけでなく朝鮮半島から日本に来る人全てで毎年５０００人弱でした。朝鮮戦争の初期は、北朝鮮が釜山まで押し込む勢いだったので、韓国から出てくる人ばかりです。その実態は、戦争避難民というよりは経済難民で、出稼ぎなんです。戦火から逃げてきた人は一部です。戦争となれば、政府は兵士を確保するために国民の国外脱出を許しませんから、国家が崩壊しない限り普通はそんなに出てこられない。

将来の朝鮮有事で日本に来るとしたら、韓国人ではなく崩壊した北朝鮮からということになるでしょう。しかし、北朝鮮にはそもそも数万人を運ぶほどの数の船はないので、せいぜい数千人程度じゃないでしょうか。北朝鮮が崩壊すれば、国連、韓国、中国、米国の人道援助が始まるでしょうから、大量飢餓ということも考えにくい。今は、隣の韓国もとても豊かです。日本にボートピープルとなって逃げてくる北朝鮮からの難民がどれほどいるでしょうか。

岩田　その数字は私の過去の検討と一桁違っていますね。仮に数千人としても、収容施設は足りない。北九州、山陰から茨城県の入国管理センターまで運ぶにも、誰がどういう手段で運ぶのか、また本当に運ぶべきなのか疑問です。衛生状態も悪い上、言葉も通じない者たちを、どこで、どうやって管理していくのか。そしてもっと問題なのは、その中に武装工作員が紛れ込み、日本潜入を図ろうとしていることです。自衛隊としては、そっちのほうが問題で、隊員が足りない中、この対応も迫られます。

兼原　そこのところは、おっしゃる通りです。だから「県警がどこまで使えるか」っていう話を警察庁としておかないといけない。出入国在留管理庁、海上保安庁、保健所も関わってきます。

岩田　そうです。警察の方々に大いに期待しています。

核化統一した、ドリフト日和見主義の朝鮮半島

武居　北朝鮮の何が最大の脅威かと言えば、軍事的能力の観点では弾道ミサイル搭載潜水艦による第2撃能力だと思います。北朝鮮がアメリカ本土に届くほどのICBM（大陸間弾道ミサイル）を保有するには相当時間がかかると思いますし、弾頭を目標に向かって正確に中間誘導するために必要な衛星は持てないでしょう。本格的なICBMは多分できないかもしれない。しかし中距離程度のSLBM、つまり潜水艦搭載の弾道ミサイ

ルの保有なら十分ありうる。北朝鮮が開発中のＳＬＢＭは第2撃能力としてまだプリミティブで、射程も数百キロ程度と見られますが、決して侮れないと思います。そもそも、北朝鮮のディーゼル潜水艦といえども水中目標の探知は海上自衛隊にも困難です。捜索武器の原理は今も音波と電波が主体で、第一次大戦当時の対潜水艦戦とあまり変わりません。また偵察衛星を上げても潜水艦は上から見えませんので、一度海の中に潜ったら探知は難しい。北朝鮮が1隻でも2隻でも持ったならば、それが即ち日本に対しても大きな脅威になると思います。

韓国との戦略的協力については、対北朝鮮の日米韓3カ国の連携の中で、韓国はよく弱い環（weak link）だと言われますけども、その弱い環は軍事と政治意思の二つの側面であると思います。韓国軍の軍事力は決して弱くない。海軍力では、アジアで日本に次ぐ3位ですし、陸軍力では中国に次ぐ2位です。ただし、政治の対北朝鮮のクレディビリティは大変低い。宥和政策を取っている文在寅政権では、米韓同盟の政治的クレディビリティは大きく揺らいでいるのだろうと思います。日米韓3カ国が安全保障で連携するめどは立っていません。

また韓国、朝鮮半島は１５００年以上にわたって中国の冊封体制に入り、清朝時代には叩頭外交を繰り返してきた結果、韓国人には中国を恐怖するＤＮＡが沁《し》み込んでいると言われています。これは兼原さんも指摘されているところです。日本に対しては日韓併合から35年間にわたって日本の支配を受けたことに対する恨みという記憶がある。アメリカには朝鮮戦争で国家喪失の淵から救ってもらった恩がある。しかし駐韓米軍の存在は長く分断体制を強いられる原因となっている、という愛憎半ばする感情がある。よく言われるように、韓国の日本に対する姿勢には一種の「甘えの構造」があって、どんな無理を言っても日本は韓国を最後は助けてくれるし、助けて当然だ、という思いがある。文在寅政権では、日本へのもともとあった甘えの構造に対北宥和要素が加わり、甘えの構造がより複雑になっています。北朝鮮の非核化についても、韓国の本音の部分、本当に日米とともに非核化をする気があるのか、何を考えているか大変に分かりにくい。

　北朝鮮の視点では、核化・現状維持、核化・統一（赤化統一）の二つしかない。核化・南主導の統一では金王朝がなくなってしまいます。

　私は、アメリカから文在寅政権の安全保障政策を見てきて、韓国政府が目指している国家の姿は、周辺国から距離を置く中立国家ではないかと感じています。考えられるオプションとしては、核付きあるいは核なしでの統一、統一後の体制の志向は親中か親米、米中を等距離に置く中立の三つになります。中立ならば、その時々の情勢を日和見してドリフトし、その時の強い国に付くという、いつもながらの事大主義の姿です。

平壌から北京までは、直線距離で約８００キロしかありません。東京よりはるかに近い。北朝鮮のＭＲＢＭ（準中距離弾道ミサイル）はグアムにも中国にも指向できる。核付き統一の場合には北朝鮮の核をそのまま使えますから、核付きならば朝鮮民族として史上初めて周辺国に対する抑止力を手に入れることになります。そうなると、韓国政府も北朝鮮も核化統一を目指すのが合理的な選択肢である、と言えなくもありません。

そうなった時に、アメリカはどうするのか。核兵器の不拡散を主導してきたアメリカはおそらく大陸から自ら出ていかざるを得ないでしょうし、統一朝鮮も国内にアメリカ軍の存在を望まない。中国はどうするか。核の抑止力が効いていて手が出せないかもしれない。したがって将来的には、日本もアメリカも中国も、核化統一した日和見主義でドリフトする朝鮮半島を相手にする可能性がかなりあるだろうと思います。中国を含め、周辺国にとっては迷惑な話であることに間違いありません。

北朝鮮の核ミサイルは「目の前の脅威」

尾上　北朝鮮の脅威は、私は核ミサイルだけだと認識しています。一連の核実験やミサイル発射実験で、北朝鮮が日本全域を射程に入れる数百発の核弾頭搭載可能ミサイル、それから30から40発の小型化された核弾頭や核爆弾を持っているということは、防衛白書を読んでも、そう見積もらざるを得ない状況だろうと思います。

仮に東京上空で広島型の10倍の１６０キロトン、最後に北朝鮮が実験した核爆発はそれぐらいの威力があったと分析されていますが、そのレベルの核爆発が起きたら、ほぼ一瞬にして山手線の内側は廃墟になり、関東平野一円にも被害が及びます。これはほぼ、日本の国が亡ぶということに等しい。

だから、本当に国の存亡をかけて、何としてもその脅威を排除しなければいけない。あらゆる手段を使って取り除くというのが一番ですが、仮にやられた場合にはその被害を最小化し、相手に報復攻撃できるような能力を普段から持たなければいけない。北朝鮮に関する限り、非核化こそ最大の日本の戦略目標であると思います。

一方で、金正恩体制は、体制維持のために核という切り札は絶対に手放さないでしょう。韓国も、さっき岩田さんが「北は敵じゃない」という話をされましたけれど、北の核兵器が自分たちに向いているとは考えていないし、むしろ平和的に統一すれば核付きで半島の統一国家になれるから好都合とすら思っている。アメリカは米韓同盟で韓国を守ると約束していますが、文在寅政権はむしろ在韓米軍の存在を迷惑がっているから、望まれていないのに守る義理もない、と判断してもおかしくありません。そういったことを考えると、アメリカが考える作戦、韓国が考える作戦、日本が国の存亡をかけてやらなければいけない作戦というのは、かなり違うと思います。

朝鮮半島有事の準備としては、日米は作戦計画の中で、「北のどこを狙うべきなのか」という攻撃目標を一致させておかなければいけない。しかし、日本が要求しても、アメリカはなかなか動かない。それはなぜかというと、アメリカから見て日本はぜんぜん頼りにならないからです。逆に、「日本は何をするのか、できるのか？」と聞かれても、自衛隊は何もできないのですから。北朝鮮から飛んでくるミサイルを防ぐミサイル防衛しかできない。

もし我々が、「アメリカは情報だけ提供してくれればいい。これは日本にとって死活的に重要なターゲットだから自分たちでやる」と言えるような能力を持っていれば、作戦計画の策定にしても少しは前に進むと思います。現状を言えば、航空自衛隊の実態は、残念ながら「防空自衛隊」です。

航空戦力の一番の本領は何かというと、アタックです。米空軍は、「任務を達成するためにはどこを叩けばいいか」というターゲティングをまず考える。我々は「専守防衛」ですから、そんなことを考えることすら禁じられている。話が嚙み合うわけがないんです。

だから、朝鮮半島でも尖閣でも台湾でも、アメリカと本当の意味での役割分担の話をするなら、我々も攻撃能力を持たなければならない。北朝鮮の核は、我々にとって国の存亡に関わる目の前の脅威（Existential Threat）ですから、あらゆる手段を投入して排除する、阻止するというのが本来の話だと思います。それをミサイル防衛だけで防ぐというのは、もちろんそれも強化すべきですが、無理があるんじゃないでしょうか。これが北朝鮮に関して、私が日本の皆さんに一番知っていただきたいことです。

北朝鮮崩壊の可能性は、これまでずっと言われてきました。実は、北朝鮮もその可能性を認識しているらしい。私も最近知ったのですが、北朝鮮は２０１６年にスバールバル条約というものに加盟しています。北極圏にあるスバールバル諸島はノルウェー領ですが、経済活動については「無主の島」扱いなので、金ファミリーが亡命しようと思ったらいつでもできる、ということを私の友人の大学教授が論文に書きました。なるほどそういうことも北朝鮮としては最悪、考えているのかなと。これはスペキュレーション（推測）ですけど、そういうこともあり得るのかなとは思います。

最後に、朝鮮半島の将来像についてですが、北朝鮮の体制維持を、中国は「核心的利益」と主張しておらず、北朝鮮（朝鮮半島）の非核化に合意しています。北朝鮮の核ミサイルは北京にとっても重大な脅威だということを確認しておく必要があります。しかし、北朝鮮が崩壊し中朝国境まで米軍が展開する統一韓国の成立には、中国は強硬に反対・阻止するでしょう。それを防止するため、中国軍が先に北朝鮮内へ進出する可能性は高い。中国には延辺朝鮮族自治州（人口218万人）が北朝鮮に接する位置に存在し、北朝鮮をこの自治州に併合すると、日本海への出口が開きます。中国にとって、北極航路へのアクセス等の地政学的な利益は極めて大きい。日本にとっては逆に地政学的に大きな不利が構造化しますので、阻止すべきです。朝鮮半島有事は、事態後の終結のあり方（End State）についても米国と共有し、米国の対中戦略・朝鮮半島戦略に反映させるべきだと思います。

米韓同盟の未来

武居　朝鮮半島の非核化のプロセスを方程式にたとえると、予測の難しい三つの変数があると思います。金正恩総書記、文在寅大統領、そしてトランプ大統領です。つまり非核化は大変に難解な問題だと言えます。唯一はっきりしていることは、非核化プロセスを巡って米韓同盟が過去になくギクシャクしてしまったことです。トランプ政権が非核化を優先する一方で、文在寅政権は核放棄のプロセスに水を差す可能性の高い朝鮮戦争の終戦宣言を今も呼びかけ続けている。過去において、もっぱら韓国側の事情によって米韓同盟に不協和音が生じたときに、米韓両国は同盟を再定義してきました。今回の不協和音は過去になく大きい。いずれの段階かでアメリカと韓国は同盟の再定義をしないと、米韓同盟はもたないと思います。

尾上　文在寅大統領の取り巻きの人たちは、明言はせず慎重に言葉を選んでいますが、「在韓米軍はいらない。核付き北朝鮮と一緒になったら米韓同盟がなくても朝鮮半島は安泰だ」と考えている人が多いじゃないですか。それは一番、我々としては避けなければばいけないシナリオだと思いますが。

武居　アメリカの軍人と話していると、朝鮮半島に対する認識がとても甘いと感じる。朝鮮半島が統一されたあとも、対中抑止のためにアメリカ軍がまだ韓国に駐留できると思っている人が結構いますね。

岩田　それは難しいでしょう。可能性は低いけど、仮に米国寄りの韓国主導による統一になったとしてもね。中国にとって最も重要な事は、朝鮮半島における米国の影響力をこれ以上高めないことにあるから、北朝鮮が崩壊あるいは南北統一のどちらになるにしても強く介入し、北朝鮮、韓国両国に対して圧力をかけてくるでしょう。平和宣言、朝鮮戦争終戦宣言という歴史的事象には、在韓米軍及び朝鮮国連軍の撤退は必須要件だし、尾上さんも言ったとおり、崩壊の危機に際しては主体的に介入して傀儡政権の樹立を強力に推し進めるでしょう。この事をアメリカは分からないのかな?

武居　でも、それがアメリカ人の感覚だと思います。「朝鮮戦争で韓国を国家滅亡の淵から救ってやった」「地政学的に見て中国がいるから、統一朝鮮はアメリカをまだ必要とするだろう」と純粋に考える。でも、韓国の立場から見てみると、もっと歴史に長く根付いた中国への恐怖がある。アメリカを国内に残してまで、統一朝鮮が中国との対立関係を選ぶとは考えにくい。そこのところの米韓のギャップが表れている。

兼原　私は総理官邸に入る前、外交官としてちょうど1年間、韓国に勤務していましたが、韓国人の国際情勢感覚は、我々と全く違います。日本はある程度、自分たちが大国であり、自分たちの重さと立ち位置が、国際社会全体の安定に影響を与えることを認識しています。自分の戦略的立ち位置を考える外交をやります。日本がどこに立ち位置を取るかで、地域の戦略的均衡が揺らぐからです。国際政治における自分の権力基盤が日米同盟にあることをしっかり認識した上で、錨をアメリカに下ろし、その上で周辺国との友誼を図って緊張を減らしていくのが日本外交です。中国古典の『六韜《りくとう》』にある通りで、先ずは大国と同盟し、次に周辺国と仲良くするということです。

ところが韓国は、プロの外交官と軍人を別にすれば、未だに自分たちに戦略的な「重さ」があるとは考えていないですね。韓国のことわざに「クジラがケンカしてエビが死ぬ」というのがあります。韓国人は自分たちがエビだと思っている。クジラのケンカには巻き込まれたくない。クジラの喧嘩は自分たちにはコントロールできない。しかも、自分はクジラに食べられちゃうかもしれない。これが、韓国の人たちが感じてきた絶対的、絶望的な無力感なんです。中国やロシアに隣接する大陸国家の宿命です。韓国は千数百年の間、ずっとそうだったんです。自分たちは必ず蹂躙される小国だと思い込んでいる。この感覚は日本人には想像することが難しい。

加えて今の文在寅政権は、バリバリの左翼活動家だった人たちの集まりです。頭の中は親北朝鮮、反米、反資本主義、反日で凝り固まっており、国際的、現実主義的な戦略観がない。

ただし、韓国も世代が変われば戦略的方向性も変わる可能性があります。今の20代、30代の韓国人は、ソニーがサムソンに敗れるところを見ているし、韓国は既にG20の一員となるほどの堂々たる経済大国です。人口は日本の半分以下の5000万ですが、その軍隊は約60万の勢力で、自衛隊の2倍以上あります。アジア最大の陸軍国家の一つです。韓国はまた、アジア第2の武器輸出国でもある。若い韓国人には、日本に対するコンプレックスもありません。現在、韓国政治の中枢にいる民主化闘争の活動家の世代がいなくなれば、国際的、現実主義的な韓国人が出てくるかもしれません。

日本人も60年代、70年代には、イデオロギー色が強く、「日米安保反対」を唱える学生や労働者で溢れていました。今の韓国も同じ構図です。反日勢力の中心は学生運動で鳴らした左翼活動家と全国民主労働組合総連盟という、かつての日本の総評のような官公労の組合組織です。

韓国の民主化は1987年です。獄中の左翼人士がいきなり政治の中心に躍り出て、それに学生が共鳴した。しかも北朝鮮が存続しているので、国内冷戦も終わっていない。韓国の国内政治は、日本の60年代の雰囲気に、実によく似ているのです。しかし、その後、日本は成熟しました。韓国も世代が代われば成熟するのではないでしょうか。

第４章　アジアにおける核抑止戦略

兼原　それでは次は核抑止力の話に入ります。先ず、読者のために、専門家のお立場から、皆さんに核抑止論の基礎を教えていただければと思います。

２０１９年、米露のＩＮＦ（中距離核戦力）全廃条約が失効しました。これに伴い、アメリカでは「日本にも陸上配備の中距離核を配備すべき」と主張している論者もいますが、いきなりこういう専門的な話に入ると全体像を見失います。ＩＮＦ条約破棄後の中距離核ミサイルの地上配備問題は重要ですが、それ自体は戦術的な問題です。もともとＩＮＦ条約の禁止対象でなかった米国の海中核（潜水艦に配備）と空中核（爆撃機から発射する核巡航ミサイル）に加えて、ＩＮＦ条約破棄によって解禁された陸上核を新たにどこに置くのかというかなり具体的、専門的な話なのです。だから、この話はいったん脇に置いて、北朝鮮とか台湾とか、紛争のシナリオに応じて、核兵器のみならず通常兵器も含めて地域全体の均衡を見ないと、核戦略の本質や位置づけがよく分からなくなると思うのです。

核抑止論は、ユーロセントリック（欧州中心）な議論です。NATO用と言ってもよい。NATO軍とワルシャワ条約軍という巨大な陸軍同士が、ラグビーのスクラムを組むようにして向かい合っていたのが冷戦中の欧州大陸です。ところがアジアでは、日本がソ連と、韓国が北朝鮮と向かい合い、ニクソン大統領訪中以降は中国が戦略的パートナーとなったというのが基本となる戦略的枠組みです。ベトナム戦争を除いて、米軍の態勢は圧倒的に北東アジアに重心がありました。NATOのような地域安全保障機構はなく、米国は日韓豪比及びタイと二国間同盟を結んでいるだけです。しかも日本とフィリピンは島国で、豪州は遥か南太平洋に孤立した大陸国家です。アジアの地政学的環境は欧州と全く異なる。

「ソ連の赤軍がウィーンを越えて入ってくれば、ナチスドイツ軍と同様に、一気にピレネー山脈まで蹂躙するだろう」という欧州大陸諸国の切羽詰まった緊張感は、初めからアジアにはありませんでした。アジアは、あくまでもソ連との欧州戦争の際の「副次的な戦線」という位置づけでした。ソ連の正面に立っていたのは地政学的に日本だけです。冷戦中の米国は、日韓両国が核攻撃されたら核で報復するというくらいのことは粗々考えていたと思いますが、冷戦終了後、朝鮮有事や台湾有事を念頭においた、アジア用に、またシナリオ毎《ごと》にテイラーメイドされた核抑止論は存在しなかったと思います。

現在、中国軍の急激な台頭は、通常兵力における地域の均衡を中国に有利な方に大きく傾けています。最早、米国の核の傘なくして、日本が中国を抑止することは不可能です。中国はＩＮＦ条約に縛られなかったので、米露と異なり、核非核を問わず、数多くの中距離の弾道、巡航ミサイルを既に保有している。80年代に米露間で結ばれたＩＮＦ条約は、中国の台頭を見通せていませんでした。

戦術核兵器の小型化も気になります。ロシアは、たった1億4０００万の人口と韓国並みの経済規模なのに、米国の2倍もある広大な領土を抱え、気候変動で北極海沿岸の氷が解け始めたために北極海沿岸の長大な海岸線の防衛態勢も強化せねばならない。なので、本土防衛のためには小型化した戦術核を使うしかないと考えているようです。米戦略軍は、戦略的均衡を乱す小型核には決して好意的ではありませんが、ロシアが小型核に向かうのであれば米国も対抗せざるを得なくなる。既に一度廃止した戦術的な海洋核の再配備に動いています。

また、極東では、米中露以外の国への核兵器や中距離ミサイルの拡散も進んでいます。

北朝鮮は核武装し、中長距離ミサイルの導入に余念がありません。第2撃能力確保を目指して、長距離核ミサイルを搭載した戦略潜水艦を持とうとしてもいる。台湾や韓国も、中距離弾道ミサイル、巡航ミサイルをたくさん保有しています。中距離ミサイルで丸裸に近いのは日本だけです。

台湾有事や朝鮮半島有事といったシナリオ毎に、中国、北朝鮮に対して、通常兵力での均衡、核の均衡の双方を考えに入れたエスカレーション・ラダー（どのようにエスカレートしていくか）について、米側と詰めておく必要があります。抑止論は、第一に同盟国の信頼、第二に相手国の戦略的合理性、第三に相互の核配備の透明性が基盤となります。核は一歩誤れば亡国を招く兵器です。同盟国には発言権があるのです。

日本が、集団的自衛権を行使できるようになったので、核抑止論に関する協議は不可欠の作業になってきているのですが、これまで米側と高いレベルで話せていない。西ドイツのヘルムート・シュミット首相は、英仏の核武装を横目で見ながら、東西ドイツだけが核の戦場にされてはたまらないと、ＮＡＴＯにおける核戦略の議論に必死に絡んで行きました。しかし、日本の首脳が、米国と真剣な核抑止の議論を持ったことはない。そもそも基本的な知識がない。日本では長い間、核はタブーだったからです。歴代政権は核の問題から逃げ続けてきた。核に口を出したのは、ＩＮＦ全廃に貢献した中曽根総理ただ一人です。ドイツ人が戦後の日本政府の核政策の実情を見れば、「何と無責任な政府だ」と思うでしょう。

中国と戦うとなった場合、まず通常兵力で見れば中国軍の方が、域内の米兵力及び同盟軍の兵力よりも、ずっと大きくなってしまっているということは抑えておく必要がある。通常兵力による大規模奇襲攻撃で、米国の同盟国は、米本土からの米軍来援前に一気に潰されてしまう可能性もあります。だとすると先制核攻撃という選択肢は否定しない方が良い。ロシアの核ドクトリンも、死活的な利益が脅かされたときの核の第１撃（ファーストユース）は否定していない。

また、台湾に対するアメリカの核の傘はどうするのか。今、北東アジアで最も危険なのは台湾有事です。米中は、核の全面戦争は必ず避ける。とすれば、米国の台湾への核の傘だけが、最後の戦争のストッパーになるはずです。しかし、米国は核の傘が台湾に及ぶと言ったことはないし、米台の間で話し合いがなされているのかも疑問です。米国は、米中国交正常化以降、台湾防衛のコミットメントを意図的に曖昧《あいまい》にしてきましたが、明確にした方が良い。核の傘も明確にかけた方が良い。中国の軍事的台頭がこれほど急激になってくると、曖昧戦略はかえって中国の猜疑心を強め、冒険主義を助長する危険がある。透明性のある抑止の方が効果的だし、米中の間に最低限の信頼も生まれます。

最後に、日本として、NATO核のニュークリア・スタディ・グループのような次元にまで進むのかという問題があります。ニュークリア・シェアリング（核の共同保有）、いわゆる「ダブル・キー」に進むのかどうかです。

NATO核がドイツなどに存在することは公然の秘密でしたが、ワルシャワ条約軍が核兵器を使って本格侵攻してくれば、ドイツ空軍を始めとするNATO空軍にもNATO核を配備、使用することになっていると言われています。かつて、自由民主党（FDP）出身のドイツのギド・ヴェスターヴェレ外相が、その撤去を言い出して議論が広く世に知られることになりました。NATO核は、所有者でありNATOの最高司令官のポストを握る米国がOKし、ドイツ等の加盟国もOKしないと使えない核ですから、「ダブル・キー」と言われます。NATO核の誕生は、ドイツがNATO内での米国の核兵器配備及び使用に対して、自らの発言権を確保するべく見せた凄まじい執念の結果です。米国としても、ドイツが独自の核武装に進まないようにするために、NATO独自の核戦略を作ってドイツに譲歩したのでしょう。米国ではオバマ政権、トランプ政権と同盟国から見たら防衛義務に疑問符を付けざるを得ない政権が続いたので、ドイツとフランスの間ではフランスの核のドイツによる「ダブル・キー」が議論になっています。中国の急激な軍事的台頭を前にして、益々、米国の核の傘に依存することになる日本としては今後、米国の核抑止論にどう絡んで行くのか。このまま目を瞑って「おんぶに抱っこ」という訳にはいきません。かつて民主党の岡田克也外相は国会で、本当に必要な有事が生じたら、日本への核持ち込みはその時の内閣が決めるのだと踏み込んだ発言をしました。しかし、それ以降、国会では核の話は出ていません。

こうした問題について、ご見解を賜れれば幸いです。よろしくお願いします。

核抑止力の必要性は高まった

岩田　アメリカの核抑止力を真に機能させなければならない時代に入ったと強く思います。抑止力強化のためには、兼原さんがおっしゃったように、米国におんぶに抱っこではなく、日本自らが、増強されていく中国の核戦力にどう対応し、米国といかに連携していくのかを模索することが必要です。核問題に関する議論さえもできない現状には頭を抱えたくなる。臭い物には蓋をして知らぬふり、問題が起きたら、ただただ大騒ぎするというのでは、国を誤ります。ＩＮＦ条約が失効して中距離ミサイル競争の時代に突入してしまった以上、そしてそのミサイルが飛び交うかもしれない空域の下に日本が位置する以上、これにどう対応すべきかを考えなくてはいけない。

アメリカがＩＮＦ条約から撤退した理由の一つは、この北東アジアにおいて、射程500から5500キロの中距離ミサイルが、完全に中国の独壇場になっていたからです。アメリカはこれを許してはいけないということで、既に戦術核搭載の潜水艦を太平洋地域に配備し、また地上発射の中距離弾道ミサイルの発射実験を実施し、いずれはこの中距離弾道ミサイルを太平洋地域へ配備することも示唆しています。その配備地域には日本も含まれると思いますが、日本ではその議論さえされていない。

北東アジアで中距離弾道ミサイルを保有しているのは、中国、ロシア、北朝鮮そして韓国で、持っていないのは日本だけです。この中距離弾道ミサイル対応は、日本はすべてアメリカの戦略核に頼り切りという状況でした。そのアメリカも、同盟国を守る拡大核抑止力が戦略核のみであるという問題点を認識し、小型戦術核及び投射手段としての中距離弾道ミサイルを製造して、中国、ロシアの中距離核戦力に対抗しようと舵を切りました。これが整備されると、同盟国に対するアメリカの抑止力の信頼性が向上するわけで、アメリカがそのように北東アジアの安全保障に真剣になってきたということは、日本にとっていい方向に向かいつつあるということです。

ロシアは２０２０年６月２日に核抑止力の国家政策指針に署名をしました。この中で、ロシアは核兵器使用を認める状況として、ロシアや同盟国を狙った弾道ミサイル発射の情報が確実な場合に加えて三つあげています。「ロシアや同盟国に対する核兵器や大量破壊兵器による攻撃」「国家の存続を脅かす通常兵器での攻撃」「ロシアの軍や国家の重要施設に対する、核の報復攻撃を阻害するような敵の行動があった場合」です。さらに、「非核保有国への核兵器や運搬手段の配備も脅威の一つ」と言っています。つまり、アメリカが日本を含むアジア諸国に地上発射型の中距離ミサイルを配備することを示唆したことに対して、ロシアは懸念を明確にしたのです。

ロシアがこのように反応しているのは、アメリカの戦略転換が功を奏している証拠と考えられます。日本もこのアメリカの核戦略の変化を前向きに受け止め、日本としてどう対応するのかを意思決定すべきです。２０１８年に公表されたアメリカのＮＰＲ（Nuclear Posture Review：核態勢見直し）でも同盟国に置くということを明言しています。

本当に地上発射型の核ミサイルを日本に持ち込むことが妥当なのか、そうだとしてそれが実現可能なのか、国内及び日米で議論すべきですが、その気配さえない。兼原さんが先ほど指摘されたドイツの執念を見習うべきだと思いますが、そのような政治的動きもみられないことに、心配が絶えない。

非核三原則を非核二原則に変えて、日本がアメリカの地上発射型中距離ミサイルの日本配備を求めるというのは理論的には理想かもしれませんが、おそらく国論が二分されてしまうでしょう。議論は入り口でストップしてしまい、実質的には何も前に進まないだろうし、それに耐え、実行し得る政権は安倍政権くらいだと思います。

民主党の岡田外務大臣の時、いわゆる核密約について調査委員会を作り、日本では実体上、非核三原則（核を作らず、持たず、持ち込ませず）が非核二原則になっていることが明らかになりました。日米の密約があり、日本はアメリカによる核持ち込みについて暗黙の合意があった、とされています。もともとアメリカはＮＣＮＤ政策（Neither confirm nor deny：肯定も否定もしない）で、核兵器の存否について触れません。この曖昧性は抑止力になっていると思います。その上で、実現可能で、かつ中国に対する抑止力が向上する方策は、非核のアメリカの地上発射型中距離ミサイルを在日米軍基地に配備するという案です。非核ではあるものの、自国が射程に入る米軍のミサイルが存在することにより、日本に対して侵略を企図した場合には、この反撃を計算に入れる必要からも、攻撃を思い留まらせることに役立つものと考えます。

最後に言っておきたいのは、中国を核管理の枠組みに入れる努力を続けることです。アメリカはＩＮＦ条約を撤廃して米中露による核交渉、北東アジアにおける核の削減管理枠組みを作ろうとしたけれども、中国は絶対入らないと言っています。それは分かっているんですが、日本は「ＩＮＦに代わる北東アジアでの中距離核ミサイル管理体制を作るべきだ」と言い続けるべきだと思います。中国は絶対にうんと言いませんが、中国の姿勢を世界に見せ続けることが大事なのです。

核抑止を巡る状況は複雑になっている

武居　東西が対立した冷戦期は構造が単純で、核戦争を抑止できれば通常戦争も抑止できた。ですから米ソの間でＩＮＦ全廃条約が結ばれ、戦略核を削減する条約が結ばれた。冷戦終結から30年経ってどうなったかと言えば、状況ははるかに複雑になりました。核の抑止力だけでは通常戦争を抑止できなくなっている。核を単体で扱うのは、言うなれば時代遅れになっているんだと思います。

なぜそうなったのか。第一に核の拡散があります。昔は米ソだけだったのが、中国が第三の核大国になっている。中国とロシアが手を結んだならば、アメリカの核戦力をはるかに上回ります。

第二に北朝鮮、インド、パキスタン、イスラエルにも核兵器が拡散しています。これらの国をアメリカの戦略核で抑止できるのかと言えば、できません。

第三に、核抑止力では防ぎようがない大規模攻撃が可能になった。サイバー兵器によるパワーグリッド（送配電網）の破壊行為を核で抑止できるのかと言えば、もちろんできない。つまり、核戦力を持っていても、通常戦争ばかりかサイバー兵器による攻撃も抑止できないのが今の状況だと思います。

ここで考えなければいけないのが、核抑止のハードルは上がったのか、あるいは下がったのかです。上がったのなら、核はより使いにくくなった。下がったとすれば、より使いやすくなった。実際、ロー・イールド（爆発力の低い）核兵器は使えるのではないか、という議論がヨーロッパで起きています。よく言われるのは、ロシアがバルト3国を併合しようと軍事行動を起こす場合、３国のうちのどこかの地域に対してロー・イールドの戦術核を使って、それをもって欧州全土を巻き込むような大きな戦争に発展するのを抑止する作戦です。小さなエスカレーションによって、大きな戦争とならないように事態をディエスカレーションするという核の使い方があるのではないかという考え方です。

ロシアとしては地域を限定して低出力の核兵器を使って、ＮＡＴＯの大規模な介入を思い止まらせようとする。当然、抑止の効果を上げるためのソーシャル・ネットワークを駆使し、爆発した惨状を世界的に拡散するとか、ＮＡＴＯに世論戦を仕掛けるとか戦略的コミュニケーションを同時に行う。それと同じことが、北東アジアでも起きるのではないかと思っています。中国が台湾侵攻するに際してロー・イールドの核兵器をどこかの小さな島で使って見せ、台湾政府を脅し、アメリカや日本に介入をためらわせるといった事態です。

ＩＮＦ条約では、戦略核抑止の安定と量的削減を確実にするために、核抑止の安定を阻害する要因であったＩＮＦ（中距離核ミサイル）を排除した。実際に規制した兵器は核弾頭ではなく核弾頭を運ぶ巡航ミサイル等の運搬手段でしたが。当時は米ソの戦略核戦力が巨大で、中国は弱小だった。中国がどうやって対米対ソ抑止力を維持したかといえば、米ソ両国の核装備体系にとってニッチとも言うべき中距離核ミサイルしかありませんでした。そのギャップを埋めるために、中国はずっと中距離核ミサイルの部分を強化してきた。その結果、ランチャーだけでも400基ぐらい、ミサイルだと2000発ぐらいの核・非核両用のミサイルを持つに至った。INF条約失効後に米露が新しい条約を結ぶとなれば、中国が好むと好まざるとにかかわらず、中国も必ず巻き込むことになるでしょう。

兼原　日本政府も中国を巻き込んだINF条約の提案くらいしてほしいですね。もしそれができないなら、日本も中距離ミサイルの地上配備を考える、というくらいの腹を持って欲しい。

尾上　中国が保有する核弾頭は200発ですが、もうすぐ倍増するという米国の報告が最近出ています。また、新条約交渉にロシアは積極的ですが、アメリカは中国が入らないと意味がないと消極的で、中国は加わらないと明言していますね。

武居　中国が巻き込まれた場合の中国のオプションとしては、中距離核ミサイルの管理枠組みへの加入と引き換えに戦略核兵器を増強するのか、極超音速核搭載兵器に走るのか、あるいは極超音速の通常型攻撃兵器の配備に走るのか。はっきりとは分かりませんが、戦略的に思考する中国は、もし巻き込まれた場合でも抑止の枠組みの外にある新たな装備体系に向かう可能性があるということです。ですから非常に複雑な抑止体系になっていることは確かだと思います。

米中の核戦略は噛み合っていない

尾上　岩田さん、武居さんのお話を聞いても分かるとおり、核をめぐる状況は非常に複雑になっています。冷戦時代は米ソの間でＭＡＤ（相互確証破壊）という安定した構造がありましたが、今では先ほどの岩田さんの話にもあった通り、ロシアは核を使う前提の戦略をたてています。プーチン大統領はウクライナ問題に関して、もしＮＡＴＯが介入してきたら戦術核を使っていたと言っていますから、武居さんがおっしゃるように、使用されることを前提とした核戦略、核政策を考えていかないといけない。

アメリカは、対中核抑止に関して、きちんとした戦略を持っていないと思います。今まではアメリカの方が圧倒的に核兵器を持っていましたから、中国に対する核抑止は当然有効だとタカをくくっていたのではないかと思います。

中国はずっとしたたかで、戦略ロケット軍は核兵器も通常兵器も一緒に管理・運用する態勢にしている。彼らは自分たちがまだ弱いということを認識しているので、アメリカに対して自分たちの能力を水増しして見せる意味でもそういう戦略を取っているのかと思いますが、それは非常に危ない。なぜなら、こちらは通常戦力を攻撃しているつもりで実は核兵器を攻撃していた、逆に中国が通常ミサイルを使用してもこちらには核弾頭か通常弾頭かの判別がつかないということもありうるわけで、そこから核攻撃の応酬が始まってしまう恐れがあるからです。

それから、あるアメリカの研究者がこんな研究をしています。軍人の世界では、鳥の大群をICBMと間違えて核による報復攻撃のボタンを押してしまい、結果的にお互いが核ミサイルを撃ち合ってしまうという「フォールス・ポジティブ」という事態が知られています。実はミサイルは撃たれていないのに、間違って撃たれたと判断し攻撃を開始してしまう、と。この研究者によると、中国は逆に「フォールス・ネガティブ」を恐れていると言うんですね。これは何かというと、実際は核ミサイルを撃たれているにもかかわらず、それを探知できずにミサイルを撃ち返せずに負けてしまうことです。

この例でも分かりますが、アメリカの考える対中核戦略と中国が考える対アメリカ核戦略というのは、まったく嚙み合っていない。冷戦中の米ソは、お互いが相手の出方をよく分かっていて、ＭＡＤという安定した核抑止の構造を共有していましたが、今の米中はそうではない。だからこそ、中国は嫌だって言っていますが、ＩＮＦ条約失効後の核兵器交渉には中国も引きずり込んで、そもそもお互いが同じ言葉でしゃべっている、という前提をつくるところから始めなければならないと思います。

それから北朝鮮の核に関しては、米国の報復ではなく抑止の保障が必要です。東京に核ミサイルが落ちてからアメリカに平壌へ報復してもらっても日本のダメージは元に戻らないので、撃たれる前に必ず核で潰すぞ、ということをアメリカに明言してもらいたい。もし北朝鮮が、ちょっとでもそういう素振りを見せたら金正恩体制は終わりだ、と。このアメリカの本気度が金正恩に伝わって初めて、本当の意味での核抑止が金正恩に効くのだと思います。

これからの複雑化した核抑止に関しては、アメリカがいろいろな手段を持つことは、私は良いことだと考えています。ロシアも核のエスカレーションというリスクを使って、通常戦争の拡大を防ぐという抑止論を主張しています。現状を踏まえると、今までのＭＡＤのようなＩＣＢＭの均衡だけではなく、ロー・イールドの核、場合によっては威力の大きい通常兵器やEMP兵器も含めて、抑止の構造を考える必要がある。相手がそういう手段を取るならこちらはその一段上のこういう手段を取る、相手の手段には相応の対抗手段を取る、という形でエスカレーションのはしごを戦術レベルから戦略レベルまできちんと作っておく。相手が上げるならばこちらも上げる、という手段を持っておかないと不都合です。地域紛争やもっと低いレベルでやっている紛争において、戦略手段であるICBMで対抗する、というわけにはいかなくなっています。

だから、対中核抑止に関してはアメリカに「エスカレーション・ドミナンス」を確保して欲しい。事態がエスカレートしていくこと自体をアメリカがコントロールできるような体制、能力を持っておいてもらいたい、と。そのために、日本としてできることは当然やります、ということだと思うんですね。

日本で地上発射型の中距離ミサイルの話をすると、すぐ「核兵器だ」となってしまうのですが、INF条約で廃止したのは運搬手段のミサイルです。核弾頭とか通常弾頭は関係ない。そこを切り分けておかないと話が混乱してしまう。

私は、仮にアメリカが地上発射型の中距離ミサイルを開発したとしたら、彼らは在日米軍基地に配備するだろうと思います。日本はそれを知っても見ないふりをする。より正確に言えば、事前協議を必要とする米軍の装備における重要な変更（核弾頭及び中・長距離ミサイルの持ち込み並びにそれらの基地の建設）について解釈を変えるのが大人の知恵ではないか、と。これは日本の国内政治的には非常にハードルの高い話ですから、正面から取り上げたら必ず入り口でストップしてしまいます。イージス・アショアですら、あれだけ反対が起きたわけですから。そのような手法は姑息だ、良くないというのであれば、なぜ中距離ミサイルが必要か、同じような能力を自衛隊が持つのが良いのか、米軍が持ち込む方が良いのかをきちんと議論し、政治指導者が世論を納得させるべきだと思います。

核抑止の専門家が不在の自衛隊

兼原　アメリカでは、アジアにおける核のエスカレーション・ラダーについて、未だ真剣に議論されておらず、アメリカの中も具体論になると必ずしも一枚岩ではないということは、我々も認識しておくべきだと思います。

岩田　日本では、ＩＮＦ条約の件を全く議論できていないですよね。日本が中距離ミサイルの飛び交うかもしれない空域にあることさえもほとんど知られていない。先ほど少し触れましたが、アメリカのエスパー国防長官が2019年8月に、アメリカが実験に成功した中距離ミサイルを「アジアに配備したい」と明確に言っています。当然、日本への配備も頭にはある。でも日本は何も反応していない。公表はしていないが政府としてアンダーで調整されていることを期待はしていますが、議論さえない状況は非常に寂しい限りです。

イージス・アショアの代替策検討の際もそうでしたが、北東アジアの戦略環境がどうなっているのか、相手国は何を持っているのか、その中でどう防空を図るのか、という議論はほとんどなかったと認識しています。それと「いったいどこを脅威と認識しているのか」という問題があります。もちろん中国と北朝鮮ということになりますが、これは議論する人によって違っていると思います。もちろんイージス・アショアは北朝鮮のみならず、中国も念頭に置くべきですが、北朝鮮のミサイルだけを念頭に置く人と、「北朝鮮は前哨戦で、中国対応が本番だ」と言う人がいて、そこで割れてしまっている。アメリカとの協力も含めた日本全体の防空をどうするかという議論の手前で止まってしまっています。

尾上　これは私自身の反省を含めてですが、自衛隊は核についての議論をほとんどしてきていないんですよね。核戦略がどう自衛隊の任務に関係するのか。例えばＩＮＦ条約の失効後に自衛隊はどう対処すべきなのか。こうした議論はほとんどされていない。

核抑止協議というのは日米同盟の中でも長らくやられていますし、アメリカの戦略軍の基地に行って、核戦力の状況を見たりもしています。最近ようやく制服のＪ５（統合幕僚監部防衛計画部）もその協議の中に入るようにはなりましたが、そもそも自衛隊には核の専門家がいません。私も知ったかぶりしてしゃべっていますけど、それは独自に勉強した知識に過ぎない。核の話は極めて重要なので、自衛隊のしかるべき立場の人に、しっかり考えて貰う仕組みを作るべきだと思います。核をめぐる問題が複雑化していることを考えると、オペレーションの視点から日米同盟による拡大抑止や核も含めた共同作戦計画等の総合的な話をすべきです。

一例をあげると、冒頭で兼原さんも言及された核シェアリングの話があります。これについてよく言われるのが、ピストルの引き金をアメリカが握っていて、ドイツは上から手を添えている、だけどドイツが力を入れてもアメリカは絶対に引き金を引かせない。つまり、最終的にはアメリカが引き金を引く仕組みになっている、という話です。

「最終的にはアメリカが持っている」というのは、まったくそのとおりですが、それでも、共有しているというポーズが大事です。今アメリカはF‐16戦闘機をDCAとしています。Dual Capability Aircraft、つまり「二重の能力を持つ戦闘機」という意味ですが、何が二重かというと、核兵器も通常兵器もどちらでも搭載できる、ということです。それをシェアリングの手段にしているんですね。日本が導入を始めているF‐35は、NATOではF‐16の後継で採用されるので、F‐35が次のDCAになるということはNATOの中ではほぼ同意されている。日本は147機のF‐35を持つ予定ですから、DCAの能力を持とうと思ったら持てるわけですが、日本ではそのことを誰も考えていないと思います。

2019年ですが、ローレンス・リバモア研究所でINF条約の破棄に関するセミナーがありました。私も来て何か話をしろと言われたので、「日本のF‐35はDCAで使おうと思ったら使える」というような話をしたら、アメリカの専門家たちがビビッと反応しているのが分かりました。おそらくOBを含めて、自衛隊からそういう話が出るということは今までなかったのでしょう。

アメリカの核抑止を北朝鮮に効かせるには、アメリカの本気度が金正恩に伝わらなければならないと先ほど言いました。アメリカの核の傘、日本への拡大核抑止が北朝鮮に機能するためには、さらに北朝鮮が東京とロサンゼルスへの核攻撃は同じ結果を生むと確信する必要がある。東京に核攻撃をしても米国は第2撃を恐れて平壌への報復を躊躇《ためら》うだろう、と金正恩が考えたら、日本に差し掛けられた核の傘は破れます。北朝鮮のICBM（火星15号など）が米国本土を射程に入れることは、実は日本にとってもこのデカップリングの問題が生じる大きな変化です。

シンガポールでの米朝首脳会談以降、北朝鮮は長距離ミサイルの発射を控える一方、短距離ミサイルの発射を繰り返しています。トランプ大統領は短距離ミサイルの発射を問題視せず、それは日本の問題だと認識している。これは深刻な状況で、日本は米国に対し、先制核攻撃も含めて北朝鮮に対する拡大核抑止の信頼性を高める措置（Reassurance：再保証）を要求すべきだと思います。必要があれば、F-35をDCAとして運用することも日米で検討が必要でしょう。

言うまでもなく、これはとても重い話です。核兵器の使用は北朝鮮の多数の無辜《むこ》の市民の犠牲を伴う、広島・長崎以来の歴史を変える重大な決断です。日本はその結果責任を米国と共に負う覚悟が必要です。そういう計画は当然、アメリカだと大統領が承認しているはずですから、我々であれば総理があらかじめ承認しておかなければいけません。さらに、その決断に対する日米の国民の支持も不可欠です。イェール大学の学者が日米韓の世論調査を実施し、様々なシナリオで北朝鮮の核攻撃に対する米国の核による報復攻撃を支持するかしないかという研究を実施しています。結果は3カ国に共通して、報復攻撃であっても核使用に対する市民の否定的な反応が強い。このようなことを考えると、拡大抑止や核シェアリングの話は我々が簡単にあれこれ言って済むような問題ではなくて、もっと深く専門的に、同時に国民全体を巻き込んで議論しなければならない問題ではないだろうか、と反省を込めて言っております。

武居　尾上さんが言われたのを聞いて「ああそうだな」と思うのは、冷戦期は幹部学校で核抑止論って教えていましたよね。今も私は手元に指揮幕僚課程の学生の時に使ったアンドレ・ボーフル将軍の核戦略に関するテキストを置いていますが、厚いテキストから付箋がいっぱい飛び出している。昔は核戦略を真剣に学んだことを覚えています。

尾上　ええ。もう30年も前になりますが。

武居　特に航空自衛隊はよく勉強していて、我々海自もそれを分けてもらって勉強していました。アンドレ・ボーフルのテキストも航空自衛隊幹部学校が部内向けに翻訳したものでした。日本の防衛力整備はまず核抑止をどうするかというところから始め、でもそこはアメリカに依存する政策であるから、その下の部分をどう構築するか、と順番に考えていく。冷戦が終わって、米ソ核戦争の脅威が遠のいてからは特に、自衛隊内でそういう議論はしていないんじゃないかなと思います。

尾上　冷戦期はソ連という核兵器を大量に抱えた明確な敵がいたので、みな現実味をもって話をすることができた。今は敵の姿が明確になっていないので、仮にＦ‐35が入ってきた時にＤＣＡの話をできるかといえば、できない。できないというか、難しい。

岩田　冷戦後にそれができなかったのは、政治的にやはり中国を脅威とは言えなかったからでしょう。冷戦後、年代は忘れましたが、一等空佐が南西の空自基地の記念行事で、「中国は脅威です」とポロッと言ったことがあるんですよ。彼はすぐに飛ばされました。今でもまだ仮想敵国とは言えないし、国会答弁でも「中国は懸念」と言えても「脅威」とは答弁されていません。国民の暗黙の了解はあるように思いますが。

武居　国民の暗黙の了解はあるんでしょうか。私はまだ疑問ですけどね。

自衛隊にとっても外務省にとっても、この「仮想敵国を持たない、置かない、言わない」は、足枷《あしかせ》になっているんじゃないでしょうか。これを直さないと、これからどんどん進化していくエマージング・テクノロジー（新たに登場してきた技術）をどうするかという話も現実味をもって議論できないし、ましてや核抑止なんて話し合えないと思うんですよ。第一次世界大戦後の日本海軍は、アメリカ海軍を「兵力整備のための仮想敵国」としてきました。51防衛大綱（昭和51年）までの防衛力整備は脅威対抗型で所要量を分析しました。やはり防衛力整備は対象国を設定して具体性のある脅威対抗型にしないと効果的で効率的にできません。そうでないと、どんなにお金をかけても装備的に相手に付け入る隙を作ってしまう。

尾上 中国に対する拡大抑止も重要で、検討すべきですが、北朝鮮については「わが国の安全に対する差し迫った重大な脅威」と政府は明言しています。これに対応しないのは無責任ではないでしょうか。

武居 おっしゃるとおりです。北朝鮮の弾道ミサイルは大きな脅威ですし、２０１２年以降の一連のミサイル発射の際には、北朝鮮は日本をミサイルを使って恫喝してきました。イージス・アショアは、イージス艦とＰＡＣ-３だけでは時間的にも地理的にも間隙ができてしまうミサイル防衛体制を24時間３６５日切れ目のない態勢にすることが目的で、そのためには陸上配備のシステムが必要であるという論理から導かれた装備でした。言うまでもなく主対象は北朝鮮の核を搭載した弾道ミサイルです。

兼原　内閣官房の国家安全保障局にいる間ずっと不満だったのが、自衛隊の運用の話がほとんどあがってこないことでした。政治指導者レベルで決断を求められるのは、ほとんどが予算と装備の話ばかりです。自衛隊の作戦運用ですら官邸にあがってこないのに、ましてや核の作戦運用なんて上がってくるはずがない。

また、軍事戦略と外交戦略は分けて考えて、外交戦略では友好的な関係を維持する方策を考えつつ、同時に、外交が崩れた時の紛争抑止のために、軍事戦略において全ての状況に対処し得るよう検討しておく、というごく普通のやり方を日本も取ればいいんです。外交官が微笑みを振りまいて、軍人が後ろで素振りをしているのが普通の国の姿です。残念ながら、国会やマスコミの一部には、イデオロギー先行型の「55年体制」の議論が沁みついていて、なかなかこういう現実主義の議論ができない。「外交が上手くいけば敵はいないのだから、同盟も軍備もいらない」という子供のような議論になる。ミリタリー・リテラシーがないことが当然のようになっている。

岩田　兼原さんが現役の頃、運用の話が上がってこないことに不満をお持ちだったのは理解できます。安倍総理ご自身が、外交戦略と軍事戦略の特性の差異をご認識され、政治的な指導の必要性を分かっておられたと仄聞していますが、官邸の意識が進化しているのに、それに防衛省が応えられていなかったとすれば、改革が必要ですね。国会答弁で「中国は脅威」と言えなくとも、大臣離任前に当時の河野太郎防衛大臣が発言されたように、軍事的には脅威と認識しても問題ないわけです。最悪の事態に備えるのが軍事戦略で、その最悪の事態にならないようにするためにも外交戦略があると思うのですが、軍事戦略が総理に報告できなければ、この連携は取れないでしょう。

第5章　科学技術政策と軍事研究

兼原　次は科学技術の話に移りたいと思います。最初に、私の方から問題意識を提示します。

一つは、日本の科学技術水準は世界的に見ても非常に高いのに、軍事面ではゲームチェンジャー技術がまったく生まれてこないことです。戦前には戦艦大和や零戦など、技術力の高い装備を生み出しました。例えば日本海軍は、伊四百型潜水艦に爆撃機晴嵐を搭載しましたが、探知の難しい潜水艦から爆撃機を飛ばすという発想は驚くほど大胆なものです。今日の戦略原潜につながるものがあります。こういうゲームチェンジャーのような発想が戦後は全くなくなってしまった。そもそも現在の日本は、そういう技術のブレイクスルーを生むようなプロセスになっていない、という問題があります。

制服組から、「敵がこういう装備を出してきているから対抗するには自衛隊にはこういう装備がいる。だから作って欲しい」と要望が出て、そこにすぐ予算がついて、防衛装備庁が企業に発注を出し、すごい兵器が生まれてくる、というような流れはない。どこかの商社が入ってきて、アメリカから適当な装備を買って間に合わせている、というのが偽らざるところです。

また、日本では装備の開発スピードが遅すぎる。アメリカなどでは、米軍からの発注に迅速に応えられないと、ロッキード・マーティンのような大手でも容赦なく契約を切られてしまう。それくらいスピード感を持ってやっています。

次に、日本の防衛産業が先細りしてきていることです。防衛品の装備を作っている会社はどこも、それだけを作っているわけではない。防衛部門は、それぞれの会社の中の一部門に過ぎません。名門の防衛産業でも、防衛装備の売り上げは全体の数パーセントにすぎない。防衛産業が相対的に儲からなくなっているので、「もうやめちゃった方がいいんじゃないか」と考える会社さえ出てきています。コマツは、装甲車の製造から撤退しました。

日本の防衛予算はざっと年間5兆円です。そのうち正面装備に割いているのはほんの一部です。財政の制約がありますから、これから装備に割ける金額が大幅に増えるということも考えにくい。大して儲かるわけじゃないけど親方日の丸で大損するわけでもないから現状のままでいいじゃないか、というぬるま湯のような雰囲気があって、企業の側も大規模な投資をする気はない。新しい技術に追いついていかないと日本が負ける、戦争になったら自衛官が死んでしまうというような切迫した危機意識が希薄です。抜本的な解決策を講じないと、日本の防衛産業はどんどん先細りしてしまう、と感じています。

　日米防衛産業協力もうまくいっていません。ここにも制度の問題があって、先進国ならどこでも持っている防衛産業をカバーする秘密保全制度がありません。防衛産業は、機微な技術情報を扱うので、政府が一定の範疇の企業情報を秘密として指定し、その代わり防衛産業側も一定の政府の機密情報にアクセスできるようになっている。政府と防衛産業の間に秘密保全の壁に守られた官民コミュニティができているのです。民間人がそのコミュニティに入るには、政府からセキュリティ・クリアランス（機密情報へのアクセス権付与）を得なくてはならないことになっています。この制度がないので、日本の防衛産業の人たちは、世界の防衛産業コミュニティに入れていないのです。

　これでは世界の軍事技術について行けるはずがない。世界の防衛産業の人たちは、政府が発給する秘密保全のためのクリアランスを持っている人間しか信用しないからです。また、同盟国である米国とは、防衛産業における秘密保全協定を結ぶべきだと思います。

さもなければ、これ以上踏み込んだ日米防衛産業協力はできない。

更に、日本には秘密特許制度がありません。防衛産業が装備を自衛隊だけに納めている分には特許を取る必要がありませんが、他の国に売るとなると特許を取っておかねば技術を只で取られてしまう。しかし、特許を取ると、その技術は公開されるので、悪意のある外国政府はそれを盗んでしまいます。だから、機微な民間の防衛関連技術は、秘密特許制度を作って、政府が補償して外国に流出しないようにせねばなりません。

最後は学術会議の問題です。日本の学術会議は、れっきとした内閣府の一機関です。独立した学会ではなく、政府の一部なのです。なのに未だに「自衛隊嫌い」の空気が非常に強い。55年体制下の東西体制選択を巡るイデオロギー色の濃い立場がその背景にあります。学問の自由云々というよりは、日米安保反対と同じ文脈の話なのです。

特に、自衛官に対する差別がひどい。防衛省は今でも大学との共同研究がほとんどできません。国立大学では、教授が防衛省の人間と会うこと自体が問題視されるところもある。どんなに優れた技官であっても自衛官は東大など有名大学の理工系大学院には就学ができません。国立研究所も似たようなもので、防衛技官との接触さえも嫌がる雰囲気がある。巨額の軍事費を使って軍民融合を推し進める中国人の留学生は沢山受け入れるのに、自衛官や防衛技官は駄目だというのはおかしい。

また、多くの大学や国立研究所では、全く同じ研究内容でも、文部科学省の予算ならやるが防衛省の予算なら「軍事研究」と勝手にレッテルを貼って絶対にやらないというカテゴリカルな対応をしている。筑波大学では２０１５年に防衛省との研究協力について学内アンケートを取ったら34パーセントが賛成で、27パーセントが反対でした。日本学術会議が学界を代表しているというのはフィクションに過ぎません。東大の天文学会では、学術会議に対する批判が公然と出ました。学問の自由とは、個人の研究の自由のことです。そもそも防衛技術は、有事に及んで自衛官の命を守る最も重要な技術です。自衛官を守るとは国民を守ることと同義です。一部の人が徒党を組んで政府を批判し、安全保障に関する研究に意欲のある学者の研究を封殺するのは学問の自由とは言えない。

問題は雰囲気だけじゃないんです。日本の科学技術予算は４兆円ありますが、一切、防衛省に触らせない仕組みになっている。現在、日本の防衛予算がだいたい５兆円。これに研究開発予算の４兆円のいくらかでも足せば、もっと大胆で腰を据えた研究開発ができるようになるはずです。しかし、防衛省には１２００億円程度の研究開発予算しか回さない。政府内で４兆円の研究開発予算を配分するのは、総理主宰の総合科学技術・

イノベーション会議ですが、内閣府、文科、財務、総務、経産の大臣だけで牛耳っている。安全保障研究に拒否感の強い学術会議の会長は、恒常的にメンバーに加えられている。しかし、防災、防疫、防衛、外交といった国民の安全を所管する大臣を頑として入れようとしない。こんなことでいいのでしょうか。

防衛分野に限らずアメリカからゲームチェンジャー技術が出てくるのは、この辺りの事情が大きく異なるからです。アメリカ政府の研究開発予算は20兆円あって、そのうち10兆円は国防総省予算です。この10兆円が研究所だけでなく企業にも流れていく。開発費という名目ですが、事実上の研究開発補助金でもある。国防総省は、最先端分野の基礎研究はもとより、何でも幅広く研究を助成しています。年間10兆円が流れてくるとなれば、産業界は国防総省の研究開発動向にも気を配るようになるでしょう。

そもそも日本の学術界には、4兆円もの血税を研究開発に使いながら、「政府が介入しないことが学問の自由だ」という履き違えた雰囲気がある。反権力が自由ということでしょうか。しかし、国民から選ばれた議員たちで構成されているのは、学術会議ではなく議院内閣制下の内閣であり、公益を実現するのが政府の仕事です。象牙の塔にこもった先生方が4兆円の血税を勝手に使うことが正しい、それが学問の自由だということになっているのは、あまりにもおかしい。そもそもその中の大きな部分が、研究とは関係のない大学職員の給料に充てられている。

研究開発と技術の社会実装との間にある「死の谷」が非常に深いのが日本の学術界の特色です。特に科学技術と安全保障の間の谷となるとマリアナ海溝くらい深い。「治安、交通、防災、防疫、防衛、といった公益を見据えて研究してくれませんか」と水を向けても、「政府に言われてやるのは自由な研究じゃない」という返事が返ってくる。ならば、米国の有名大学の様に、全額民間の寄付で研究費を賄えばよい。そうすればマーケットの方から公益が注入されるでしょう。

また、15年から防衛省は、なけなしの予算を割いて、安全保障に資する研究推進を支援する制度を作りました。いま１００億円の規模です。しかし、学術会議は直ちに反対の声明を出しました。国立大学がこれに従い、多くの私立大学も従いました。知人の私立大学の先生に聞いてみたら「学術会議は政府機関ではないか。あの声明は政府の立場じゃないのか」と言っていました。学者の中には防衛関係の研究をやりたくない人も、やりたい人もいる。政府の一機関である学術会議が、政府の名を騙って安全保障上の研究を一方的に禁止することの方が、よほど学問の自由を害していると思うのですが。

防衛装備庁の問題

岩田　兼原さんのおっしゃる問題点は、私も現役の頃からずっと感じていました。技術的なブレイクスルーを生み出せていない原因の一つは、防衛省全体として統合的に「戦い方（運用思想）」を創造するという分野が機能していないことにあると認識しています。「必要は発明の母」と言いますが、世界に先駆けた「戦い方」が無ければ国は守れず、そしてこの「戦い方」を可能にする「装備・技術」が無ければ戦いに敗れるとの危機意識が共有されることにより、進化が望めます。

陸海空自衛隊の幕僚は、「こう戦いたい」「そのためにはこういう部隊を創り、このような装備が欲しい」という運用ニーズを検討しています。しかし、各自衛隊のニーズを統合的に調整する機能が弱い。もっと言えば、統合幕僚監部（統幕）が主導的に統合運用としてのあるべき姿を描き、これを各自衛隊と整合するという機能が極めて弱い。これは、将来の防衛力整備に関する権限が統幕長に与えられてないことにも起因しているかもしれません。

これを直すためには、一つは戦い方を統合的に創造する統幕の機能を強化すること。もう一つは、この運用ニーズを研究開発から装備化に結びつける防衛省全体の総合的なシステムを造ることが必要と思います。例えば機能強化の一案としては、統幕内に統合運用研究を所掌する部署を設置し、世界の戦いの趨勢を睨みながら、統合防衛作戦の在るべき姿を提唱させることです。統幕の統合防衛計画部内でもいいし、あるいは統合幕僚学校を再編し、統合運用のシンクタンクにするという案も有力と思います。

また省全体の総合的なシステム造りの一案としては「装備開発委員会」といったものを作って、各幕僚長レベルが参加する形にし、そこで統合作戦の在るべき姿及びそれを実現するための装備・技術開発の方向性を装備庁に示すというのも有効ではないかと思います。その委員会の下に、宇宙開発、サイバー戦研究及び電磁波戦研究といった新たな戦争領域に関する分科会を作り、重点指向することも一案と考えます。

防衛装備庁の創設に関する検討当時、私が陸幕長で武居さんが海幕長でしたが、装備庁創設の狙いの一つとして、外局に位置づけることにより、より主導性を持って装備の研究開発から取得に至るまで総合一貫した施策が大胆かつスピーディーに打ち出せるというものだったと思います。この趣旨に賛同して、陸幕装備部から多くのポストを装備庁に差し出しましたが、それに見合った効果が発揮できているかと言えば、現状は査定権を内局が有し、基礎研究レベルまで統制を受けている状況と聞いており、これでは大胆さもスピード感も役所仕事の範囲を超えることはないと思います。また運用者たる各自衛隊との連携が弱くなり、欠点の方が目立っていると仄聞しており、責任の一端を感じています。

装備庁創設以前は、陸海空幕に開発・技術部門があり運用と技術が一体となり装備を開発していました。装備庁創設に際して、技術部門は装備庁に吸収して省として一本化しましたが、これは統合的な装備開発の観点からも望ましいはずでした。しかし実体は、先ほど述べた統合運用ニーズを出すべき統幕の改革も進まず、装備庁内では各幕から吸い上げた技術部門の機能が分散化し、装備庁創設以前まで行われてきた運用と技術が一体となったモノづくり体制は弱体化してしまったのではないかと思います。結果として各幕の装備開発能力の弱体化、また各幕の研究開発に携わる人材育成の停滞までを招いていないでしょうか。

装備庁がより機能して戦略的な技術開発を進展させるためには、先ほど述べた省全体の装備開発委員会の定める方針に基づき、装備庁が主導性をより発揮して技術開発のブレイクスルーをもたらせるよう、責任と権限を再確認すると共に、必要な戦略の策定及び制度改革を図るべきと思います。

武居　防衛装備庁を作るときに、人や組織の財源として、海軍の時代から続いていた海幕技術部を切って差し出しました。装備庁自体は賛成なのですが、技術部がなくなった点については海幕が運用者として備えるべき技術的な思考をする機能を弱くしてしまい、人的な手当ての面については今となっては不十分だったと思っています。

兼原　私は防衛装備庁を応援しています。どこに問題があるかと言えば、結局カネがないというところに尽きる。いま岩田元陸幕長がおっしゃられたような、こういう戦い方をして、敵はこういうふうに来るのでこういう兵器が必要だよね、という話をしている金銭的余裕がないんです。まるでiPhone10の次は11だよね、みたいに目先の装備改善が精一杯です。昨今は、民生技術において物凄い技術的ブレイクスルーが起き、それが安全保障環境を大きく変えていきます。人工知能、ゲノム編集、3Dプリンター、ブレイン・マシーン・インターフェイス、極超音速、量子科学などなど。日本の防衛技官は優秀ですが、そこに踏み込んでいく予算がない。だから、民生技術はハナから眼中にない。4兆円もの科学技術予算を使っておいて、防衛省には微々たる予算しか回していないのですから、仕方のないことなのですが。政府から３０００億円拠出し、産業界から６０００億円集めて、優秀な大学教授、国立研究所の研究者、防衛技官、自衛官を含む政府系技術者、そして産業界の一線の研究者を集め、例えばまだ基礎研究の段階にある各種量子技術を安全保障面で実用化するために産学官共同研究プロジェクトを実施する、というような大胆な発想は出てこないものでしょうか。安全保障を遮断した今のカネの流れを続ける限り、日本の科学技術政策は何も変わりません。

岩田　確かに、今イノベーションが起こらないのは、予算が根源となる問題の一つですね。米軍を見ていると、潤沢な防衛予算を基に、防衛産業と連携して大胆かつ創造的な研究ができるのですが、我が国はそういかない。日本の軍事研究予算は、イギリスの半分以下、韓国の３分の１以下でしかない。

新型コロナウイルス感染症に対するワクチンのように、難しい技術開発でも膨大な資源を投入できれば、トライ＆エラーの繰り返しでブレイクスルーに繋がる可能性もあるし、開発期間の短縮も可能となる。それができない中、涙ぐましい努力を続けているのが現状です。装備の開発途上においても、性能のグレードアップを図るという考え方が取られています。例えばＭＣＶ（機動戦闘車）は、開発の段階から試行錯誤を繰り返し、運用者と防衛産業が一体となって開発をしていくことに成功したため、試作1号車、2号車、3号車そして量産1号車と、同じものは二つとないものになった。もちろん、うまくいかなかった装備もあるが、その際の問題点は、開発しながら逐次アップグレードできる制度がないことだと認識しています。制度がないため、開発可能な要求性能をフィックス（固定）せざるを得ず、予算もフィックスせざるを得ず、試作の仕様書もフィックス、出来上がった試作品がフィックスされた要求性能を満足するかを試験せざるを得ないのが現状だと認識しています。その中で、MCVのようにモデル&シミュレーション手法等でできるだけ、逐次最新技術等を取り入れながら開発しているのが現状であり、グレードアップを前提とした部隊使用承認・装備化を是とする制度が確立できれば、運用・技術の進化に適応した装備が開発できると思います。

「儲からない防衛産業」をどうするか

岩田　また兼原さんがおっしゃったように、企業メリットが減少したため、防衛産業から撤退していく企業も散見されます。大きな会社では、防衛部門の売り上げは会社全体の数パーセントです。これでは経営サイド、株主への理解獲得の点で難しいところがあり、やはり適正な利益を上げられる仕組みにしないと継続していけない。防衛産業は国の工廠ではなくビジネスとして運営されているものですから、国を守ることとビジネスの両立は、難しくても図らないといけないという側面もある。

だったら防衛産業活性化のためにも、米国のように合併・買収などを進めて企業再編をした方がいいのではないか、と思われるかもしれませんが、防衛予算全体の規模で米国の16分の1程度と元々規模が小さいですから、合併・買収を進めれば事業内容によっては競争原理さえも成り立たなくなる。私は防衛産業の再編をすすめるよりは、案件ごとに自発的なコンソーシアム（共同事業体）を企業同士で組んでもらい、それぞれの得意とする分野で新たな開発を共に目指していく方が効果的と思います。

さらに付け加えれば、F-35などのどうしても日本で開発できないものはやむを得ませんが、国内で開発できる能力があるものについては、防衛装備は「国産が基本」です。高い装備品を自国開発するよりも、国外の優秀な兵器を購入したり、日米共同開発すればいいのではと思うかもしれませんが、他国の軍隊とはもともとの運用思想が違うという重要な問題点があります。運用思想が違うと、兵器に対する要求性能や、装備化のタイミングも違う。さらに戦い方の変化や技術進化に適応して速やかに装備改善を図る必要も出てきますが、外国企業であればそれらに確実に対応してくれる保証はありません。どこの国もやはり自国の防衛産業とがっちり組んでいて、軍の要求と技術開発の可能性との整合を常に図っているのが現状です。

現役当時、いろいろな国を見てきましたが、先進国はもちろん、ブラジルやトルコなどにおいても、軍と防衛産業、そして大学との連携・三位一体感が素晴らしいと感じました。兼原さんも指摘された、日本学術会議のイデオロギーに凝り固まった姿勢は、本当に国のためになっているのか極めて疑問です。もし中国（軍）に日本の大学研究部門から先端技術が流れているとすれば、自衛隊との連携よりも、中国軍との連携を重視しているという構図になるわけであり、徹底した事実解明が求められます。話が少し戻って恐縮ですが、技術的ブレイクスルーが進まないもう一つの理由に、日本においては大学の研究部門の協力が得られないことも付け加えておきたいと思います。

「素人は戦術を語り、プロは兵站を語る」と言われます。2019年に退役されたブラウン前米太平洋陸軍司令官は、米朝が一触即発の状況にあった時期、在韓米軍を支援する立場から兵站の重要性を強く認識されていました。真に戦いに備えている国家はまず国家の策源を基盤とした兵站を準備しているとし、その兵站の根源は、国の資源、技術力、生産力にあると指摘しています。この際、重要なのが自国で運用する装備の取得要領で、作戦遂行時に、国内に技術、整備基盤が無ければ戦闘に勝利し得ないため、主要な装備は国策として国産を前提とすべきであると強調されています。高い性能を有するミサイル、戦闘車両、弾薬、通信システムや人工衛星などの装備を自国で開発でき、修理・整備まで可能な国は数えるほどしかありません。この能力は「技術的抑止力」として各国が注目するところですが、日本にはそのポテンシャルが充分にあるにもかかわらず、「安い」ことにこだわり過ぎ、自ら減衰させているようにも思えます。国家として高い技術力、生産力、整備力を保持しようとすることは国家の意思であり、これらを保持し続ける事が抑止に直結するということを関係者は理解すべきです。

一つ装備庁を褒めるべきことがあります。国外への装備移転です。2020年に、三菱電機がフィリピン空軍にレーダーを納入する契約が成立しました。そこまで辿《たど》り着けたのには、装備庁で八面六臂の活躍をした航空自衛隊の男がいたことは付け加えておきたい。ただ、平成26年4月に装備移転三原則が閣議決定されてから6年目にして初の案件というのは、喜んでばかりいられない。装備移転は、装備供給を通じて安全保障上のパートナー国を増やすとともに、国産装備品の契約数を増やしてスケールメリットを得ることにより装備品単価を下げ、防衛産業の活性化を図ることにも繋がります。政府がより主導性を持った取り組みをすべきと認識しています。

兼原　日本大使館に数多く派遣していただいている防衛駐在官の人たちも、任国の防衛情報を取るばかりではなく、日本の防衛装備の売り込みもやるようにしなければいけないですね。

岩田　まさにそこも申し上げたかったのですが、フランスの研究開発予算は日本の１・3倍ほどの規模ですが、フランスの防衛産業が人材・設備そして投資をも怠らないのは、日本の防衛装備庁１８００人に対しフランスは2万人からなる装備庁が諸外国に積極的に兵器を売り込み、ファンド等の支援もしているからです。

　企業の人と話をすると、展示会に実物を持って行けなくてチャンスを逃していると言います。例えば、ある製品をアメリカの装備展示会に持っていこうとしても、防衛省、防衛装備庁、経産省の承諾を取り付けていたら、時間がかかって間に合わない。ならば「実物は無理でも、ここまでの情報なら説明してもいいですか」と問い合わせても、迅速な回答がもらえない。防衛駐在官を使ってセールスをするどころの話じゃないんです。

そこまで辿り着いていない。結局は企業任せで、その企業も実物を持っていけないから
プラモデルで説明するしかない。ほかの国は実物を持ってきている。装備展示会の場で、
関心を示す国は当然性能を聞いてきますよね。もちろん性能は秘密に関わる部分が多いため、日本の会社は、「言えない」を連発するばかりで、みんな他の国の展示場へ流れてしまいます。日本は戦わずして負けています。

最後にもう一つ付け加えておきたいことは、日本の基礎研究の貧弱さです。日本では、明確な運用要求がないと予算獲得が難しい状況にある。研究の裾野を広げ、創造的な技術に挑戦し、結果として技術的ブレイクスルーが生まれるという環境を造ることも重要と思います。多種多様の種（シーズ）を蒔き続け、様々な肥料も与えて、発芽を促す状態にすべきと思いますが、現状は寂しい限りです。様々な技術的シーズの選択肢があるから、いざ装備化を目指した時には開発に時間が掛からないし、リスクが低く経費も安く収まるのだと思います。

装備行政では「選択と集中」という言葉をよく耳にしますが、選択できるだけの幅を広げないまま、狭い選択肢の中から選択せざるを得ない結果となっていないでしょうか。かつて技術立国を目指した日本が行っていたように、「研究は薄く広く、開発は選択と

集中」が求められているのではないかと思います。

運用思想があっての装備が本来の姿

武居　四つ言います。なぜ科学技術と防衛の間に問題が起きているかということですが、まず第一に、「今ある制度を十分に使っていない」ということがあります。

これは、先ほど岩田さんが言ったことに対する反論になるのかも知れませんが、防衛省設置法第22条、統合幕僚監部の任務の中に、「行動の計画に関し必要な教育訓練、編成、装備（中略）の計画立案に関すること」があるのです。統合幕僚会議から統合幕僚監部へと改編したときに防衛計画部を作り、統合運用の観点から防衛力整備にまで口を出せるように改め、陸幕、海幕、空幕はその残りをやるようになっていますが、いまだにこれには手を付けていない。それまで防衛力整備は3幕が行ってきましたから、難しかったこともあるでしょう。これが一つ。

二つ目が、ドラスティックに防衛力整備の変更ができない自衛隊の体質の問題です。海上自衛隊について説明しますと、海上自衛隊の軍事技術イノベーションは創設以来一貫して平和時に行われ、とりわけ基盤的防衛力構想を採用した51防衛大綱からは脅威対抗型の防衛所要の分析をやめ、特定の軍備想定敵国も想定敵国もない防衛力整備、自ら力の空白になって地域を不安定化させない程度の必要最小限の防衛力を持つという論理を作って、言うなれば敵を置かない中性的な防衛力整備を行ってきました。

新たな技術や装備の導入についても、アメリカや諸外国が採用している技術だから採用しようと考える、いわゆる帰納的なイノベーションに終始し、しかも厳しい防衛予算の中で護衛艦、航空機、潜水艦の基幹部隊を維持することが目的になってしまい、新しいものをドラスティックに導入する考え方ができない体質になってしまった。

ゲームチェンジャーとなる新しい技術を導入するには、まず相手がどのような装備を持ちどのような作戦をしようとしているか、想定される作戦空間はどこかなどを総合的に分析する必要があります。それに対抗できる技術なら積極的に投入する、場合によっては組織編成や作戦概念までも変えるというような、演繹的な思考が不可欠です。我々の世代には、こうした体質を作ってしまった大きな責任があり、現役世代に改革を押しつけることはできませんが、いまの体質のままではぐんぐん変わっていく軍事技術を取り入れるための軍事技術イノベーションは難しい。

三つ目は、防衛力整備に関する計画体系についての制度上の問題があります。現在の防衛力整備は防衛諸計画の作成等に関する訓令に基づいて行われています。まず技術見積もりと情報見積もりを行い、これを踏まえて防衛上の事態と様相を明らかにして、次に統合運用構想を定めるとされています。順序が逆ですね。訓令の制定から5年近くが過ぎ、この訓令に依っていては激変する安全保障環境や技術革新のスピードに追従できない、という意見が内局や各幕にはあるようで、これは大変に良いことです。制度をいじることなく、やり方を工夫して求める実を取ることもできますが、それでは2番目に述べた組織の体質にも関係して、制度化されないままに実効的に行われるならば、時が移り担当者が替わるうちに先祖返りする可能性を否定できない。「俺たちはこう戦うんだ」という統合運用構想が先になければ、数あるエマージング・テクノロジーの中から日本にとって本当に必要な技術は何かという結論は出てきません。

兼原　発想の原点が戦場を見ている運用側（自衛隊側）にないのがおかしいんですよね。

武居　新たな技術、エマージング・テクノロジーと思われる技術が出てきたら、それが我が国の防衛にとって真に必要な技術かどうかを分析する必要があると思います。技術者が開発したいと思う技術が、必ずしも運用者が欲しい技術とは限らない。

分析は、作戦の三要素と言われる、想定される作戦空間（どこで戦うのか）、彼我の兵力量や作戦の特徴、作戦の時間（いつ戦うのか、長期戦か短期戦かなど）や準備のための期間のそれぞれに当たってみて、大きな価値が認められるようなゲームチェンジャー技術ならば組織や作戦構想を変えるドラスティックな変更を加えてでも導入していく。作戦の三要素がはっきりしなければ、何がエマージング・テクノロジーになるのかすら分からない。繰り返しますが、運用構想が先に立たない技術開発はないというのが私の持論です。

同期の気安さもあって岩田さんには時々文句を言うのだけれど、とりわけ陸上自衛隊は守ることに集中しすぎているのではないか。将来日本が関係する戦争では小さな島嶼ばかりでなく第一列島線の一部まで敵国の攻撃に晒され、場合によっては奪取されるか、領土は取られなくても海空域の支配権を敵国に渡す事態が想定できる。そのときは一度大きく下がって十分な準備を整えてから攻め上がってくる作戦が必要となる。取られたら取り返すダイナミックな作戦が必要で、想定される戦域はおそらくフィリピン海を中心とする西太平洋になるでしょうし、そんなとき自衛隊はどこを起点としてどのように作戦をするのか。領土を奪われないことは当然のことながら、奪われた場合には一度下がってからロールバックする。そういった作戦をあらかじめ想定しておかないといけない戦略環境になっていると思います。彼我が互いの戦略や作戦をぶつけ合って行う動的な分析（ネット・アセスメント）をし、それに基づいて必要な防衛力を整備するプロセスが抜けている。これが四つ目です。

この四つの問題があって、今の状態ができあがっている。企業の体質とか防衛産業の構造に関する部分は先ほど岩田さんが言ったとおりなんですけれど、そもそも論で言えば、防衛力整備のために必要な想定敵国を設け、具体的な運用構想があって初めて、「じゃあどんな技術が必要になるのだろうか」という技術開発の話が進んでくる。それが十分に行われていない。行われていないといつまでも自衛隊が戦うために真に必要な技術的な開発はできないということです。

兼原　長期（10年以上）の防衛大綱、中期（5年ごと）の中期防衛力整備計画、毎年の防衛予算と、すべてが厳しい予算の枠で縛られていて、内局が汲々《きゅうきゅう》としながら各幕の予算を締め付けている。惰性で行われる枠入れで防衛予算が作られている。本来、いったん予算枠を離れて、どういう敵から、どういうシナリオで、どういう武器で攻撃され、それでどうやって国家と国民を守るのかという議論から始めるべきなのです。国家、国民の生存を守るという原点の発想がない。カネより命のはずなのですが。

三木内閣の51防衛大綱で、正攻法の脅威対抗の基本を捨てて、基盤的防衛力というような考え方をするようになったことが諸悪の根源です。周囲の脅威に目をつむり、自分で勝手に自衛隊のサイズを決める基盤的防衛力という考え方は、それを超える強い相手なら負けても仕方がない、という無責任な議論です。どう戦うかを考えなくなった防衛力整備は、初めから論理的に破綻している。すべての問題はそこにある。第二次安倍政権の25大綱、30大綱からやっと現実主義が大綱に戻ってきました。

「南西諸島奪回作戦」の是非

岩田　武居さんの意見には賛同できる点が多いですね。「脅威対抗の基本」という表現で兼原さんも指摘されたとおり、特に、脅威認識に基づく防衛力整備は重要です。政治的にも、北朝鮮を「脅威」とし、中国は「懸念」としつつも、25大綱以降の防衛計画は実質、対中国防衛の強化が焦点です。米国が完全に中国対峙路線に舵を切った現在、いつまでも「懸念」を表明しているだけで国策を誤らないでしょうか。座談会の冒頭でも強調しましたが、もう一度言わせて下さい。もちろん日本は米国の様に、中国と完全対峙できる力はないし、経済的にも密な関係にある隣国と事を構えることは賢明とは言えません。しかし、だからといって、国家として自由・民主主義・法の支配という価値観を共有できない国と経済的にはうまくやりながら、最も重要な同盟国には「頼むから我が国を守ってくれ」というのは、国際社会において名誉ある地位を占めようとする国が進む道ではないでしょう。

河野太郎防衛相（当時）は2020年9月9日、米戦略国際問題研究所のオンライン討論で「中国は日本にとって安全保障上の脅威となった」と語りましたが、その年の防衛白書でも政府は、中国について「懸念」との表現にとどめています。コロナ禍で示された中国共産党の情報隠蔽体質、香港弾圧で示された強権体質を併せ見れば、「中国は我が国安全保障上の脅威」と位置付ける国家安全保障戦略の策定が急務です。

武居さんの「動的な分析（ネット・アセスメント）をし、それに基づいて必要な防衛力を整備するプロセスが抜けている」という意見は理解できる。真に戦えるシミュレーションを統合的に実施し、防衛戦略や防衛力整備に反映すべきという意見にも大賛成です。それを先ほど提言した統幕の防衛計画部、または統合幕僚学校を改編した統合シンクタンクに実施させればいいと思います。

ただ、絶対に同意できないことがあります。それは「一度大きく下がって十分な準備を整えてから攻め上がってくる作戦が必要となる。取られたら取り返すダイナミックな作戦」という部分です。海空が敵に押されたからといって、第一列島線、すなわち我が国の領土を、陸自が一旦敵に明け渡す訳には絶対にいきません。海空の人には、「領土とそこに住む国民を守る」という意識が乏しいのではないかと思ってしまいます。海自・空自の基地は土地の上に、国民と共にあるにもかかわらずです。

与那国島には約1700人、石垣島には約4万8000人、宮古島には約5万1000人の国民が住んでいます。明け渡すという事は、南西諸島に住む我が同胞を見捨てる、置き去りにするという事です。陸自的には絶対にあり得ない。奪回作戦は万やむを得ず、離島を占領されてしまった場合の最後の手段です。中国は一旦手中に収めた土地を手放すはずがありません。奪回作戦には、海空自による制海権・制空権の確保が大前提で、陸自水陸機動団・空挺団等の部隊を離島まで送り込んでもらわなければなりませんが、占領された島にある飛行場、港湾を確保され、対空レーダーを始め、防御部隊がしっかりと態勢を固めてしまった場合、海空自は本当に制海権・制空権を取り返せますか？イラクもアフガンもそうですが、制空権がなくとも「陸軍の兵士」が立つその位置が国境線になり、そこには国民が居るということを認識すべきです。

武居　いえいえそうではない。言葉が足らずに申し訳ないが、陸上自衛隊を始め島にいる自衛隊員には最後まで頑張っていてもらわなければ、そもそもロールバック作戦も何もないわけで、この点は岩田さんの言うとおりです。しかし、圧倒的に優位な中国のミサイル攻撃力に晒されたら、島嶼に存在する自衛隊のレーダーサイトや基地機能はおそらく喪失するか、機能しなくなる。お互いがミサイルで激しく応酬すれば、東シナ海は何千何百の飛行機や艦船が沈むノー・マンズ・ランドになって、結果、周辺海空域の支配は質量ともに優勢な中国に奪われてしまう。船にミサイル１発が当たれば２００人以上が死傷する。陸上自衛隊の部隊も少なからず損害を受けるでしょう。これを回復するには、海空兵力は一旦下がってから態勢を整え、同盟国の来援兵力と共同して攻め上がって海空域の支配を奪い返すしかない。そのときは米海兵隊と陸上自衛隊が敵の経空攻撃を突いて、着上陸するフェーズも必ず含まれる。そういうことです。こういう事態が起こりうることを認識するためには、先ほど言った彼我対抗型の図上演習を是非ともするべきです。

岩田　ということは、海空自が南西諸島から下がって態勢を立て直している間、どれくらいの期間か分からないけど、その間は海空自の支援が得られない中、島に取り残された国民と陸自は、中国の攻撃に対し歯を食いしばって耐えていろという事？

武居　以前、尾上さんとこういう話をしたときに、「再び沖縄に鉄の嵐を吹かせるのですか」と言われましたが、そこまでひどくなくても被害が出ることは想定しておかなければならない。中国の狙いは、南西諸島の海峡を自分でコントロールして、東シナ海や南シナ海から自由に太平洋に海空軍力を展開して米軍を迎え撃つことですから、沖縄ばかりでなく本土にあるレーダーサイトや自衛隊基地も必ずやられる。民間の飛行場が被害を受ける事態も考えられる。我が国A2／ADの主体である陸自のSSM部隊（地対艦ミサイル部隊）は必ずミサイル攻撃のターゲットになる。海峡部分をコントロールするために、敵が上陸して来る事態も考えられないこともない。日米は海空の支配権を取り戻さなければ東シナ海に近づけない。ロールバックするには準備が必要。その間、陸自は耐えてくれ、ということです。

先の戦争の沖縄戦と違うのは、攻めに行くのではなく味方を助けに行く、領土領海を回復に行くということです。戦線は東シナ海に固定されずに、戦況に応じて東シナ海から太平洋、そしてまた東シナ海に移動すると想定して準備すべきではないか。それ以上に、そういう事態を招かないために抑止力を強化すべきではないか、と思うのです。我々には時間がない。

岩田　武居さんが大変重要な問題点を提起してくれましたが、まさにこの問題は、先ほどから兼原さんもご指摘されているように、国家としてこのような状況をどう認識し、どのように対処するか、国家リーダーたる政治家・総理が判断すべき重要事項です。武居さんが提唱されているように、実際的な作戦・戦闘シミュレーションを実施し、その結果を総理まで報告した上で、今後の統合防衛警備計画及び防衛力整備計画に反映していくべきです。

兼原　よく分かりました。

尾上　装備体系や研究開発の前提となる戦い方のところで陸海両先輩の意見が分かれましたので、空自の見方を説明します。

空は基地への依存度が海自に比べてはるかに大きいので、一度下がることはできません。下がるとしても、海自のように米海軍と一体となった反攻作戦のためではなく、当初のミサイル攻撃から戦闘機を守るために本州の基地へ一時的に退避するような戦術的な運用になります。空自の主任務は重要な時期に航空優勢を維持することであり、そのためには南西諸島の基地が不可欠です。基地の重要性は、陸と同じ認識です。

一方、日米共同作戦という視点では、米空軍は今、スタンドイン／スタンドアウトのバランスについて議論しています。スタンドインは敵のA2／ADの中に入り込んで行う作戦であり、スタンドアウトは敵の脅威圏外からの長距離攻撃作戦を言います。嘉手納基地は米空軍にとって重要な前方展開基地ですが、中国のミサイル脅威に晒されている。だが、グアムへ撤退した場合の距離のハンデを考えると放棄することは考えられない。このため、デービッドソン司令官の議会証言でご紹介した通り、基地の抗堪化、分散拠点の確保、被害復旧能力の向上等、スタンドインで戦うための態勢を作ろうとしています。空自は、この米空軍のスタンドイン作戦との共同を基本に防空作戦を行い、米空軍のスタンドアウト作戦による中国の策源地への打撃を待つという構想になると思います。

なぜニーズとシーズをマッチできないのか

尾上　話を研究開発に戻しますと、武居さんがおっしゃったことは、私も非常に賛同するところがあります。なぜゲームチェンジャー技術が出てこないのか。それは、ニーズとシーズをマッチングする仕組みがうまく機能していないからだと思うんですね。

ニーズは今言われたとおり、どういう戦い方をして、どういう運用要求があるか、将来戦がどういうものになるか、ということですけれども、これは実際に戦った経験のある人、あるいは戦おうとしている人しか分からないし、考えない話です。

一方でシーズのほう、新興技術ですが、これは今ほとんど民間企業からしか出てこない。スタートアップと呼ばれる新興企業、本当に莫大な研究開発費を投資している大企業、いずれから出てくる場合でも、そういった新興技術はほぼシビルにもミリタリーにも使えるデュアルユースです。しかし、日本の場合、民間企業はほとんど民生利用・商業利用しか考えません。軍事利用のことは全く考えていない。だからニーズとシーズがあったとしても、それをマッチングさせる仕組みがないんですよね。

いま防衛省、自衛隊は、いわゆる防衛産業から提案された新しい装備品について、それをどう使うかについて考えるに止まっています。軍隊にまつわる格言の一つに、「将軍たちはいつも一番最近戦った戦争の準備をしている（Generals are always preparing for the last war.）」と言われますが、本当は将来のことを考えないといけない場合でも、今ある装備と知見でできることを準備して良しとしてしまう、ということがまま発生する。だから、ゲームチェンジャーというのはなかなか出てこない。

アメリカにはDARPA（国防高等研究計画局）のような専属の組織があって、ここがニーズとシーズをつなげる媒体になっています。やはり日本もそういうものが必要ではないかと思います。本来であれば防衛装備庁がその役割を期待されているのですが、正直に言って、装備庁はこれまでの不祥事対策で組織のスクラップ&ビルドをする中で、全然性格の違う機関を無理してひとまとめにした側面があります。

防衛装備庁は、もともとは防衛省の技術研究本部、調達実施本部、防衛施設庁の三つの組織だったと思いますが、それに各幕の装備関係や内局の関連部局を全部集めて一つにしました。自衛隊員なら誰でも知っている「自衛隊四字熟語」では、かつての統合幕僚会議を評して、「高位高官・権限皆無」と揶揄していましたが、装備庁にも星をつけた人が大勢いるのに、残念ながらそれに見合うような働きができていない。岩田さんに褒めて頂いた、フィリピンへのレーダー輸出で活躍した空将補はむしろ例外で、非常に非効率になってしまっている。逆に各幕が持っていた技術に関する戦略を考える部課が吸い上げられてしまったので、陸海空各幕の研究開発部門が弱体化していると思います。

極端に言うと、防衛装備庁はもう1回分割して、調達を専門にするところ、技術を専門にするところ、在日米軍の施設を専門にするところ、という風に分けた方がいいと思います。特に航空自衛隊の場合、日米の相互運用性（Interoperability）を重視し、主要装備はほとんどアメリカ一辺倒です。それでも以前はライセンス生産によってアメリカの優れた技術を内製化できていたのですが、今はほとんどFMS（対外有償軍事援助）ですから、アメリカの本当に最先端の技術というのはブラックボックスのままで、我々にはアクセスできない部分が多い。

一番大きな問題は、先ほど兼原さんがおっしゃいましたけれど、民間企業の人たちがセキュリティ・クリアランスを持つという制度が日本にはないことです。セキュリティ・クリアランスがないとアメリカのサイバーセキュリティの標準に合致しないので、早晩、日本の防衛産業がアメリカの下請け契約を取れなくなる可能性があります。これは非常に大きな問題だと思いますが、いずれにしてもそういう制度的な不具合がありますから、サイバーセキュリティですとかデータ保護、こういった欧米の標準を速やかに取り込んで、同等の日本式の制度を作る必要があります。そこから技術力、技術データを共有したり、アメリカだけでなくイスラエルだとか欧州の優れた企業と協業したり、という形に展開していけるのではないかと思います。

現行の調達規則や手続きはものすごく鈍重で、なぜもう少し早くできないのかと思いますが、アメリカも同じ問題で悩んでいます。日本の場合は1年の年度予算が基準になりますから、予算要求して業務計画を作って、公募をして契約してという、そういう1年のサイクルにどうしてもなってしまうんですね。調達規則もそのサイクルを前提としています。現行の調達規則は、大きなハードウェアとか大企業を対象にした場合にはまだいいのですが、例えば、あるソフトウェアを導入して不具合があったらすぐ修正し、次々と新しいバージョンにアップデートしていくというような契約の仕方に全く対応していません。これはアメリカも同じ問題を抱えていますから、まずアメリカがどういうふうに変えようとしているのか、また民間のソフトウェアの契約要領がどうなっているのかなどを研究する必要があると思います。

武居　ＦＭＳ調達には多くのメリットがありますが、導入後のメンテナンスを考えると国産装備品に比べ時間がかかるなどデメリットが目立ちます。導入した装備品についてアメリカでバージョンアップが行われれば、最悪の場合には故障部品の修理などサービスを打ち切られる場合がある。ＦＭＳ調達と国産の中間を取ってライセンス国産という選択肢がありますが、調達数量が多く、価格もＦＭＳに比べ２割ほど割高で収まるのならライセンス国産に切り替えるべきでしょう。

企業は防衛産業から抜け出したがっている

尾上　防衛産業の話ですけれども、私は補給本部長で退官しましたので、退官してすぐに航空自衛隊の後方（Logistics）の課題を、卒業論文のつもりで『軍事研究』に書きました。その中で防衛産業が抱えている問題についても触れています。

　高度経済成長のときは防衛産業もすごく裨益していました。たくさんの契約を安定的にもらっていたので、技術開発もできましたし、利益も上がっていた。それがバブルがはじけて予算も契約も全然増えなくなったので、少量の長引く契約をやらざるを得なくなっていった。その負担は企業のほうに伸《の》し掛かるばかりで、官のほうは「この予算の範囲で何とかやってくれ」と企業におんぶに抱っこで頼んでいたわけです。それがどんどん累積してしまった。

　仕掛品といいますが、要修理品を分解検査までした修理途中の構成品です。これがお金がないからそのままほったらかしになっているとか、F－4、F－2、F－15戦闘機などの機種ごとに、機材を検査する試験装置を、1年に1回も使わないのに場所を取って置いておかないといけないとか、そういう負担が企業の側にずっと積み重なってきている。だから、「もうやめたい」と思っている企業はたくさんありますよ。

兼原さんが言われたコマツの他にも、航空機の火工品を製造・修理していたダイセルもやめた。主力戦闘機F－15のヒートエクスチェンジャー等、重要な機器を作ってくれている島津製作所もやめると聞いています。

私は航空自衛隊の補給本部長に着任してすぐ、島津の社長さんにお話に行きました。彼らも防衛産業の重要性は分かっている。ただ、民間部門と比較すると、収益率だとか規模のメリット、さらには商売としての将来性がまったく違う、と。そうなると防衛に人、場所、カネを投資していくことを株主に対して説明できない、本当に苦しいんですということを言われました。

第1章で武居さんが自衛隊法103条の話をされています。事情は陸・海・空とも同じだと思いますが、航空自衛隊の場合は特に、実際に行動するときに協力してくれる会社の技術力がなければ、ほとんど3日ともちません。協力会社と言えど、有事に際して沖縄の部隊に技術員を派遣し、ダメージを受けた飛行機の修理をするよう社員に命じられるのか。今の体制では、多分できません。社員の安全が確保できないし、そもそもその技術者が行ってくれるかどうかも分からない。

国家の工廠でない一般企業の防衛産業を、国の防衛力に含めて扱う制度になっていないと思うんです。そこを真剣に考えないとまずいです。今までみたいに浪花節で、「よろしく頼む」と言っても通らない時期に来ていると思います。これ、ハードルの高い話ですよね。

武居　それが、今回のコロナ騒動で改めて明らかになった。

尾上　はい。だからそこを本質的なものとして掘り下げていかないとダメなんじゃないかと。

防衛産業の輸出戦略は韓国に学べ

尾上　それから日米の防衛協力ですけど、アメリカの防衛産業は日本の防衛産業、あるいは自衛隊にとってパートナーですが、同時にライバルでもあります。我々はＦＳＸ

（F2）の開発で、本当に痛い目を見ましたから（注：当初は国産とされたFSXの開発は、政治的理由からアメリカとの共同開発になり、当初約束された火器管制装置やレーダー等の技術が開示されなかった）。アメリカからすると、国内の雇用だとか先端技術を守るのは当たり前です。当時からもそうですが、今は同盟国と言えどもただ乗りは許さないという姿勢がより厳しくなっている。我々はメリットがあるから彼らと一緒にやりたいと思うわけで、先ほど岩田さんもおっしゃいましたけれども、アメリカの企業から見ても日本にメリットがあると思われないと、そもそも協業は成り立ちません。

日本にはそれがないのかと言ったら、あります。例えばIHIのエンジンパーツの製造能力は非常に高く、歩留まりがすごくいい。プラット&ホイットニーとかジェネラル・エレクトリックが作るよりもはるかに信頼性の高いものが安くたくさん作れる。一部の部品は輸出もしていると思います。ですが、第三国移転の制約の話など、いろいろ難しい問題をクリアしないと、日本のものをアメリカに輸出することすら難しいのが実状です。だから装備品の輸出もその辺を考えて進めていく必要があると思います。

この点だけに限って言えば、お手本にすべきは韓国ですね。日本の防衛装備庁にあたる韓国の防衛事業庁は2006年にできましたが、当時、韓国が輸出している武器や装備品の総額は２・５億ドルに過ぎませんでした。これが２０１６年に25億ドルになっています。10年間で10倍です。官民学軍が一緒になって、外向けに対してやっていけば、大きく成長できることを韓国は実証している。

最後に科学技術の話ですけれども、今はデュアルユースがスピンオンしてくる時代なので、スピンオンしてくる時代の技術戦略を作らないといけない。民間でどういう技術が開発されていて、それをどういう形で軍事に応用することができるか。これを専属的にずっと見ている専門家が必要でしょう。

兼原　でも日本全体の技術を安全保障の観点から見ている人が、政府にも、民間にも、学界にも、本当にほとんどいないんですよね。対中機微技術流出阻止の問題もあり、日本の民生技術の全体像をつかんで、何がどう軍事技術に役に立つのかを知らないといけないという気運が、今、やっと政府の中に広がってきたところです。

尾上　その気運を一気に高めて人材を養成しないといけない。そのプロセスを起動するためには、やっぱり自衛隊や防衛省だけじゃなくて防衛産業もスタートアップも巻き込んでいく必要があります。企業にも、自分たちが扱っている技術、特に最先端の技術は安全保障上きわめて重要なものである可能性があるという意識を持ってもらう。それが仮に中国とかに流れていったときには処罰され、デュアルユースに適用できるとなれば予算がついて装備開発につながっていくというアメとムチの政策を考慮しないと難しいのかなと思います。

日本の技術は米国と中国の方がよく見ている

兼原　いま、国家安全保障局に経済班を作りましたでしょ。あれは実現するまでに2年かかったんですよ。何故なら、日本の民生技術の総体をつかんで、どこに軍事的にゲームチェンジャーになるような技術があるかを知っている人間が霞が関（諸官庁）と市ヶ谷（防衛省）の双方にいないことが分かったので、体制作りに時間がかかったのです。

日本の民生技術の全体を安全保障の観点から掌握しているのは、恐らく、先ずＤＡＲＰＡ。続いて中国でしょう。日本政府は何も知らなかったのです。いまやっと縦割りの政府組織に横串を刺して、日本の持っている機微民生技術を調べようという気運が出てきたところです。

尾上　対中機微技術の輸出については、日本学術会議に頑張ってほしいと思っています。

あそこは軍事研究を絶対やらないと宣言していますが、自国の軍事研究はやらせないのに、他国の軍事研究に無自覚で協力しているようなケースが生じていないとは言えませんから。

中国は軍民融合を進めています。西側先進国の大学や研究所に大量に人を送り込んだり、リクルートしたりする「千人計画」を策定し、軍事技術の高度化をあの手この手で図っています。２０２０年には、届け出をしないまま中国の大学の客員教授になって高額の報酬を得ていたハーバード大学の化学・化学生物学部長が逮捕されましたが、ああいう形でちゃんと取り締まらないとダメだと思います。結局、国を挙げて機微技術をきちんと管理しましょうという意識が、まだできていない。

クライブ・ハミルトン（Clive Hamilton）の『目に見えぬ侵略』という本に詳しく書いてありますが、オーストラリアの大学や研究機関はこれまで中国の活動を放任してきました。それが、２０１９年に「チャイナ・ディフェンス・ユニバーシティ・トラッカー」という制度を作り、中国との共同研究等に関するガイドラインを設定して、目を光らせるようになりました。アメリカは司法省がチャイナ・イニシアティブという取り締まりを始めています。日本もこのような取り組みを参考にしながら自国の技術情報のセキュリティを高めていくべきだと思います。

岩田　余談ですけど、電波関係のすごい技術を持っているあるベンチャー企業があるんですが、その会社に最初にアクセスしてきたのはアメリカの技術情報収集組織だったそうです。2番目に来たのは中国。その1年後くらいにようやく日本の政府機関がアクセスしてきた。それぐらいアメリカ、中国は日本の技術の最先端を掌握していて、日本はその後塵を拝している。

武居　なんだか防衛装備庁の悪口ばかりになっているので、最後にちょっと良いところも言っておきます。実は装備庁は輸出用の艦艇を造る検討をしています。防衛省の規格では国際的には売れない。だから国際標準であるNK規格（日本海事協会規格）で造って売ったらどうかという検討をしています。世界の海を航海している船の約20%がこのNK規格です。技術も輸出して相手方に造ってもらうという取り組みも始まっている。装備庁が何もしていない、ということではありません、念のため。

第６章　日本の安全保障はどうあるべきか

兼原　最後に、令和・日本の安全保障に対する提言をまとめたいと思います。

そもそも論を言えば、残念ながら日本の安全保障論議は、まだ55年体制下のイデオロギー対立のくびきに縛られた状態にあります。古色蒼然としたこの枠組みの中では、立ち位置がモスクワ寄りかワシントン寄りかで答えが１８０度違ってしまう。モスクワ寄りの立場に立てば、自衛隊も日米同盟もないほうがいい。そうすると自衛隊を容認する日米同盟派との議論は、入り口のところで止まってしまいます。建設的で現実的な議論がまったく進まない。

55年体制下の日本の国内政治は、冷戦下の西側勢力を代表する自由民主党と、東側を代表する日本社会党に分断されました。分断は、イデオロギー的であり、アイデンティティと絡みました。やがて国対政治が安定し、左右激突がマンネリ化する中で、左右両勢力のバランスを取った調整型の総理が続くようになりました。

安易な妥協を排して西側に明確な立ち位置を取り、日米同盟強化に向かったのは、日米同盟の創設者である吉田、岸総理、新冷戦の開始とともに戦後政治の総決算を唱えた中曽根総理、周辺事態法を制定した小渕総理、9・11事件の後にインド洋、イラクに自衛隊を派遣した小泉総理、そして麻生総理、安倍総理の系譜です。皆、左派勢力から激しいバッシングを受けましたが、これらの総理が日本の安全保障政策を少しずつ前に進めてくれたのだと思います。

左右勢力調整型の総理の時には、安保政策では当たり前の議論ができませんでした。たとえば「専守防衛とは何か」という議論をしたとしても、モスクワ寄りの立場に立てば、「自衛隊の装備と人員を可能な限り少なくすることだ」という結論になる。ソ連の脅威に対して「どうやって国を守るか」という具体論にならず、すぐに「ソ連は攻めてこない」「戦争を仕掛けるのはアメリカだ」という議論になる。東側に軸足を置けば、非武装中立論は論理的な政策なのです。

しかし、共産圏が崩壊し、冷戦が終わって既に30年です。いつまでこんなことをやっているのか。安全保障環境は激変し、中国の領土拡張や北朝鮮のミサイルがリアルな脅威となっている。今日、「本当に日本を守れるのか」という問いが、かつてないほどに真剣なものになってきています。国民もおそらく、それを感じているのでしょう。

私は、２０２０年に上梓した著書『歴史の教訓』の中で、日本が戦前に国を誤った理由として、政治と軍事がバラバラになり、その二つが国家最高レベルで統一されていなかった事実を挙げました。その観点で言えば、戦後日本にも同じ問題がずっとありました。安倍政権で政治指導が強くなり、政治と軍事を統合する国家安全保障局が出来ましたが、戦時下の政治指導が本当にできるかと言えば、まだ道半ばという気がしています。

戦前は統帥権の独立による軍の暴走がありましたが、戦後は逆に「軍を徹底的に使わないことこそがシビリアン・コントロールである」という誤った発想が広まってしまいました。有事に及んで外交・行政と軍事、古い言葉ですが、国務と統帥をどう組み合わせるのか、軍の作戦と国家のリソースをどう組み合わせて使っていくかという本当のシビリアン・コントロールの発想が潰えてしまった。軍事問題が政治のアジェンダから消え、軍事と政治の遮断が起きていたのです。戦前と戦後では正反対ですが、どちらにしても日本の政軍関係はとても歪んでいました。

仮に有事が発生したら、国家の名において、自衛隊員が本当に死ぬかも知れない。そんな戦闘の現場に、政府は自衛隊員を送り出せるのか。その覚悟と能力があるのか。私たちは突き詰めて考えていないと思うんです。それを突き詰めて考えれば、例えば政治家や総理大臣に求められる資質も変わってくるでしょう。現実を逃避した口当たりのよい話をする政治家よりも、喰えないオヤジだけど逆境の中でも国民の士気を奮い立たせられるチャーチルのような政治家の方がいい、ということになるかも知れない。

『孫子』の中に、「将の能にして君の御せざる者は勝つ」とあります。戦闘は将軍に任せ、殿様が細かく口を出さない方が戦に勝てる、ということですね。この伝統が私たちにはない。戦略をもって一番高いところからグランドデザインを描くことこそが、政治指導者の仕事です。しかし、サムライの国である日本には、民選の政治指導者が軍事を指導するという伝統が無いのです。日中戦争、太平洋戦争では、軍人がずるずると戦争を始め、やがて広大な戦線を開き、戦力の逐次投入で200万の将兵と、100万人の民間人が死にました。米軍の死者は数万です。軍は千尋の谷に積水を切って落とすように動くべしという孫子の教えとは正反対だった。制度上、総理は軍の指揮権から外され、バラバラの陸海軍を統制できなかったのです。

その悪弊を今でも引きずっているなと思うのは、日本に統合軍事戦略がないことです。私は国家安全保障局にいたとき、統合軍事戦略を作って総理のところに持ってきてくれと言っていましたが、結局、最後まで上がってこなかった。総理の決断すべき事項を整理してペーパー数枚にまとめるだけなのに、これが作れない。ただし、それは防衛省、自衛隊のせいだけではない。戦後の長い間、総理官邸と自衛隊の距離が非常に遠かったことが原因でしょう。岸総理以降、中曽根総理まで、政治家も軍事と正面から向き合うことをしてこなかった。逃げてきたのです。

また、国民保護と重要インフラ防護の話も煮詰まっていない。かつての戦争では重要インフラへの爆撃は戦いの最後の方でしたが、今はサイバー攻撃とかＥＭＰによって真っ先に標的になります。武居元海幕長が言われたように、高価な爆撃機を大量に使わなくても、クリック一つで敵国全体が停電になる。発電所、変電所、送電線といったパワーグリッドは、今や日本のマジノ線です。サイバー攻撃やＥＭＰ攻撃で直ちに突き破られるでしょう。それが現実です。海底ケーブルも全部切られて海外との情報が遮断されるかもしれない。しかし、自衛隊は、平時に国民防護の任務が与えられていない。戦争が始まれば、その余力もない。ちょっと目を開けば、継戦能力の命綱というべき電力などの重要インフラに対する危機が眼前にあるのに、未だ備えが出来ていません。国家安全保障局も出来て８年目ですが、一度に全部はできません。それほど戦後75年の間に溜まった宿題は重い。

あと、私たちは「専守防衛」で来たので、海洋戦略がないことも大きな問題です。最近ようやく国民の理解が進み自衛隊がホルムズ海峡に行ったりすることは可能になりましたが、私たちは原油の99・7％を輸入に頼り、ほとんどの物資を海運に依存する海洋国家です。ですから、本来は七つの海をどうやって支配するかというブルーウォーター・ネイビーの発想が必要で、「シーレーン防衛や日本の商船隊の防護は海上自衛隊の本務である」と正面から言い切っていいんじゃないかと思うんですが、「日本は専守防衛なんだから日本列島に閉じこもっていればいいんだ」というような鎖国主義が蔓延しているままでは、それも議論すらできない。

その他に、少子高齢化と財政の制約の問題もあります。トランプはＮＡＴＯに属する欧州の国々に、「防衛費をＧＤＰの２％にしろ」と要求していますが、ドイツを筆頭にそれをやっていない国は多い。当時、トランプと安倍総理の関係が良かったこともあり、アメリカは日本に対しては「２％にしろ」とまでは言っていませんが、在日米軍の駐留経費負担のことは言ってきています。しかし、アメリカが世界の警察官役から退いていく傾向は続くと予想されますし、中国の急激な軍備増強に対応するために、隣国である日本の防衛費の増額が求められることは必然でしょう。しかし、先進国で最悪の財政赤字を抱える日本に、防衛費を大幅に増額できる余地は余りない。人口も減っていて、自衛隊の定数を満たすことも難しくなる。そうすると戦争や戦闘の無人化、リモート化などにも対応していかなければならないかも知れない。女性自衛官も増やさないといけない。予備役の活用も考えないといけない。これからは、無人、省人、婦人、老人です。予備役は未だ若いので、老人は失礼かもしれませんが、ＡＩを駆使した情報収集・分析や、無人兵器の導入が進めば、女性や退役自衛官の活躍の場も増えます。自衛隊自身のトランスフォーメーションも必要でしょう。こういった問題に対してもどう対応するのか。皆さんの忌憚なきご意見を頂き、最後に提言に落とし込みたいと思います。よろしくお願いします。

戦争指導が可能なリーダーを

岩田　兼原さんがおっしゃったように、戦争の形態が変わってしまいました。軍人だけ、自衛隊だけで国を守れる時代ではなくなっている。だからこそ国民の皆さんに問題点をよく知っていただいて、国民を代表する政治家が国をリードするように、防衛政策も含めて変えていかなければならない時代になったと思います。

日本で政治主導による戦争指導は可能か。私は使命感、責任感を強く持った人じゃないと無理だと思っています。強い使命感を持っているからこそ、国民を救うという責任感につながる。そのうえで専門家、防衛であれば軍事専門家の意見をしっかりと聞いて、自分で決断する。コロナ禍での県知事たちの対応を見ていると、それができていた人と全くできていなかった人がいたように思います。中には「専門家の方々に決めて頂きました」という言い方をされていたトップもおられましたが、決めるのは専門家ではなく、最後は政治家、リーダーです。

もう一つ必要なのは、国民が命を預けられる信頼感です。今回、台湾がうまくいったのは、透明性に基づく政府への信頼感があったから。ニュージーランドのアーダーン首相もそうでしょう。有事になったときには、国民も苦労をともにして我慢をしなければなりませんが、それでもついていこうと思えるか否かは、やっぱり信頼感だと思います。

まとめると、リーダーである政治家に求められる資質は四つになります。まず、私心がなく国を守ることに全力で立ち向かう一途な姿勢。第二に、苦しい戦況においても必ず国を救うという執念。第三に、厳しい戦況、疲労困憊の状況においても沈着冷静に必要なことを決心し、国民に直接語りかけられる理解力、判断力、先見性、説得力。そして最後に、部下をその気にさせて動かせるという統御力です。

政治と軍事の関係について言うと、マクナマラ国防長官はベトナム戦争のときに爆弾を落とす場所まで指示するというマイクロ・マネージメントを実行して大失敗しました。それはまさに現場に任せるべき話で、国防長官に求められるのは大局的な戦略のはず。大きな戦略を示したら、あとは軍人にまかせなければいけない。総理も防衛大臣もそうですけど、国として判断すべき事項、国じゃないと判断できない事項を明確に切り出して、あとは現場に命じればいい。東日本大震災の時、菅《かん》直人総理が福島第一原発の現場に乗りこんでベント開始の時期を遅らせたりしましたが、現場の采配は現場に任せるべきです。

それから、統合軍事戦略に関する兼原さんの問題意識のところですが、私は、軍事戦略には、二種類あると考えています。一つは「今ある防衛力で、現状予測される脅威に対しどのように戦うかを示すもの」、二つ目は「将来、このように戦いたいという、見通せる範囲の将来における在るべき戦い方を示すもの」です。

一つ目は、統幕の運用部が主導して作成し、防衛大臣まで報告されているし、いざという時のオペレーションに関わる内容なので、総理へも報告されるべきものです。また二つ目は、統幕の防衛計画部が主導して作成し、防衛大綱などの中で目指すべき防衛力整備の方向として反映されているものと思いますが、現状では恐らく防衛大臣まで報告される計画体系には位置づけられていないのだと思います。これも、将来にわたる脅威に確実に対応するため、どのように防衛力を構築するかの基本となる戦略ですから、国の安全保障に責任を持つ総理に報告されるべきものです。

いずれも報告されていないのであれば、兼原さんも危惧されるように、依然として政治が軍事に正面から向き合えない状態にあるのかもしれません。そうだとすれば、軍事を黙らせるという事ではなく、軍事を有効に機能させるという真の意味でのシビリアン・コントロールが働いていないとも言える。

総理に報告されていないもう一つの要因は、将来の戦い方を示す統合防衛戦略が、防衛省内において制度化されていないことにもあると思います。現状の防衛力整備は、約10年先までを対象とした防衛力整備の指針を示す「防衛計画の大綱」、及びその中での5年間における防衛力整備の具体的目標を示す「中期防衛力整備計画」、そして年度毎の「業務計画」に従って進みます。しかし、防衛大綱を策定する際の基本ともいえる統合防衛戦略が、省内の正式な計画体系として制定されていない。見通せる将来における脅威に対し、このように国を守る、こう戦いたいという戦略を策定し、その戦略を具現する「在るべき防衛力」を見極め、その目標と現状の防衛力との差を認識し、不足する防衛力を整備していく。これがあるべき姿だと思いますが、そのような枠組みが確立されてはいないんです。統合における戦い方を確立し、その戦略の中における各自衛隊の最も効果的な活用や資源配分を考え、各自衛隊の機能・能力向上のための防衛力整備を計画して行くよう制度化すべきだと思います。これが実施できれば、より統合的統制の枠組みが構築されることとなり、戦い方の変化を踏まえた、将来在るべき防衛力整備を実行できることになる。

武居　そのとおり。いまの時代、防衛力整備を含めてすべてが統合運用の時代だから、統合的な視点の欠けた防衛力整備はない。多次元統合防衛力とか領域横断作戦とか言っても、統幕がしっかり方針を出し、優先順序を決めて、内局や各幕に示すことをやらないといけない。そうしないとベクトルがズレたままで、いわゆるシナジーは生まれてこないんじゃないかな。

兼原　サイバー戦は大丈夫ですか。サイバー空間には、時間と空間の感覚がない。これまでの陸海空三次元の戦闘とは全く違う新しい世界が登場しています。装備体系も作戦運用も物理的な攻撃とは全く異なる。ここで出遅れたらおしまいです。

岩田　通信ネットワークに依存した軍事・社会構造の脆弱性を突いてくるサイバー攻撃に対しては、国家全体の防護を統制・調整し得るサイバー防護機能・組織の強化が急務です。各自衛隊のサイバー防護隊は自衛隊の通信ネットワークしか守れない。そして各省庁・自治体や企業等もそれぞれが自助努力により自己組織を防護しているのみです。国として監視し、警告する機能はありますが、統制する権限はない。

米陸軍は米陸軍全体、そしてアメリカ国家の一部の官公庁まで防護するように責任と権限を付与されていると聞きます。サイバー先進国イスラエルでは、ネタニヤフ首相指導の下、ベエルシェバという町をサイバー特別区に指定して軍・官・民・学連携の一大拠点とし、連携強化の進化を図っていると聞きます。日本も、サイバー防護に関する国と個々の組織の役割及び防護のあるべき姿について検討をすべきで、デジタル庁のようにサイバー庁を設置して、国のリーダーシップを発揮すべきではないでしょうか。

兼原　ベエルシェバ、行ってきました。高速鉄道やジェット旅客機をサイバー攻撃で乗っ取られたら、サイバー反撃で乗っ取り返すという話をしていました。圧倒的にレベルが違う感じです。

制服組トップは政治家の決断を否定できるのか

武居　岩田さんが全部言ってくれた感じですが、私は政治と軍事の関係について述べておきます。

制服組のトップである統合幕僚長は、どう政治を補佐すべきか。統幕長の鞄というか、頭の中には自衛隊のポートフォリオ（任務をするときの装備と組織の組み合わせ）がすべて入っています。つまり、自衛隊が現時点で運用可能なすべての能力を把握し、整理して持っていて、必要な時にその中からオプションを提示する。それぞれにどういうメリット、デメリットがあるかを伝え、総理に最適なオプションを提示し決断を仰ぐ。それをできるようにするのが総理の補佐である統幕長の役割だと思います。当然ながら、できないことはできないと言わなければならない。

兼原　そうですよね。統合幕僚長がイエスマンになったら、最悪の場合、人が無駄死にしますから。

武居　統幕長がいちいち部下に「あれどうなってるんだ?」と聞くようでは駄目で、総理の質問に常に答えられる準備ができていなければならない。ただ、実際の行動や判断の部分では、いろいろと迷うケースは出てくると思います。

私はミネソタ州で起きた警官による黒人男性暴行死事件（20年5月）に関連する米統合参謀本部議長ミリー大将の言動に関する記事を興味深く読みました。ご存じのとおり、事件に関連する抗議デモの一部が略奪や放火へと発展する中、トランプ大統領は騒乱の対応に軍投入を辞さない姿勢を示すと、元軍高官がそれは軍隊の政治利用であると一斉に批判する声を上げました。ジェームズ・マティス前国防長官、マイケル・マレン元統参議長などです。マティス大将はトランプ政権で、マレン大将はオバマ政権でそれぞれ政軍関係に大変な苦労をしましたから、特別に危機感を抱いたに違いないと思います。

そんな折、ホワイトハウスのローズガーデンで演説を行ったトランプ大統領が、ラファイエット広場を通って、セント・ジョンズ教会の前で聖書を片手に写真撮影を行い、これにミリー大将が迷彩服で同行し一緒の写真に収まったことを、元軍高官は問題視しました。それが「強い大統領を演出したいトランプ大統領を引き立てる行為」と解釈し、軍隊の政治利用であると批判の声を上げたのです。さらに彼らの印象を悪くしたのは、写真撮影に先立って、連邦公園警察などが、ラファイエット広場で平和的に抗議していた人たちを催涙ガスや閃光弾などで強制排除し、その直後に広場を横切って教会に向かったことでした。

米軍の指揮権は大統領が持っているが、統合参謀本部議長はアメリカ憲法に忠誠を誓っているのであって、大統領に忠誠を誓っているわけではないという意見があります。また、アメリカには治安維持のために軍を投入できる反乱法（Insurrection Act of 1807）というのがありますが、法律はあってもこれは適用しない、というのが今までの軍で共有されていた意識だったと聞きます。

ところがトランプ大統領は、治安維持のためにデモ隊への軍の投入の可能性を明確に示唆した。ミリー大将はこれを拒否したと伝えられていますが、平和的に行われていたデモを力ずくで追い払った場所に、迷彩服のミリー大将がエスパー国防長官らと大統領の後ろ盾になるような構図で写真に写ってしまったことで、国民に軍を対峙させようとする大統領の宣伝に協力するような形になった。これに対して軍ＯＢから批判の声が上がったわけです。後に、ミリー大将は、国防大学の卒業生に向けたビデオメッセージで

「私はそこにいるべきではなかった」「あの瞬間と状況における私の存在は、軍が政治に関与しているという認識を生み出した」と語りました。

私がここで取り上げたいのは、元軍高官からの強い批判が起こった後で、エスパー国防長官もミリー大将も、公の場で「あの場にはいるべきではなかった」と大統領を批判するような言い訳をしていることです。これが軍のトップとして適切かどうか。ミリー大将には、写真撮影前にデモを強制的に排除した状況を知らなかった不運はあるにしても、結果として彼は大統領と一緒の写真に収まった。厳しいようですが、責任はあくまでもミリー大将にあると思います。自分の不注意を悔いたとしても、それを公の場で言うことは、間接的にでも大統領を批判することになるのではないか。軍の治安維持への使用は大統領権限で可能である反面、今回の事案では選挙のために軍の政治利用に当たる可能性を持っている。二つの問題が複雑に絡み合う状況でのミリー大将の発言だったのですが、一連の報道を聞いて私は少し違和感を感じました。

アメリカと違って、日本の法制度では統幕長が日本国憲法に忠誠を誓ってはいません。自衛官は特別職とはいえ行政府の一員であり、任官するときには自衛隊法に基づいて服務の宣誓を行っていますから、忠誠を誓う対象は行き着くところ自衛隊の最高指揮官である内閣総理大臣です。憲法と最高指揮官の二つが上にあるアメリカのような混乱は起きません。しかし、ミリー大将に類似した事案が起きたとき、自衛隊の指揮に関して、統幕長は総理大臣を公の場で批判できるのだろうか。今回の事案を含め、実戦を積み重ねて成長してきたアメリカ軍の指揮統制や政軍関係の姿は、創設してから実際に軍事行動をしたことがない自衛隊にとって大いに参考となるところがあると思います。

統合幕僚長が大臣の命令、総理の命令に対して「あれは間違いだった」と記者会見で言ったらどうなるでしょうか。

兼原　それはクビですよね。現役はダメですよ。外務省でも同じです。組織として動いているわけだから。部下がトップの指揮命令に従わないと、組織がぐちゃぐちゃになります。

武居　今回、エスパーもミリーも「間違いだった」と言っているんですよ。その場に大統領と一緒に行ったのは間違いだった、と。私は、軍を治安維持に使える反乱法を発動するのが間違いだとかどうとか言っているわけではなくて、たとえ大統領は発動すべきではないという意見が大半であっても、大統領の命令は命令です。しかし、二人は遠回しに、大統領は間違っているから従わないと言ったのと一緒だと思います。

統幕長が総理の言ったことに対して、公の場でノーを言うことができるのか。これは考えないといけない。良心に照らして命令が間違っていると思ったら従わなくともよいという意見もあります。私はたとえ総理の命令が間違っていたとしても、繰り返し統幕長が意見具申してもなお総理が命令を下すなら、その命令に従うべきであると考えています。これはいつも統幕長に突きつけられている問題だと思うんですね。安全保障に関する政治的正当性（political correctness）は軍事的正当性（military correctness）と完全には一致しません。政治は無理なことは百も承知で命令を出さざるを得ないときもある。そういう軍民関係の難しいところが、このトランプ大統領とミリー大将の一件には出ていると思います。

「能力があっても使えないオプション」はどうするか

岩田　60年安保の時、自衛隊を治安出動に出すことが真剣に検討された局面がありました。しかし、当時の赤城宗徳防衛庁長官は最後に「ダメだ」と判断した。どんなことがあっても自衛隊の銃を国民に向けるべきでない、と。当時、「治安出動に自衛隊を出すべきだ」というムードも結構あったらしい。首都圏の自衛隊は待機までしていたと聞いた事があります。

武居　今回のミリー大将の件と似ていますね。

岩田　そう、待機させたけど、結局やめた。これでよかったと思う。国民に銃を向けてはならない。自衛隊が銃を向ける相手は侵略してくる外敵であり、国内の暴動対応などは基本的に警察の役割です。もし当時、防衛庁長官から「治安出動せよ」と言われたら、当時、長官命令を指令する権限を持っていた陸上幕僚長は反対の旨、意見具申すべきだったと思う。治安出動という自衛隊法に定められた行動である以上、「それは間違った命令です」とは言えないが、「自衛隊の銃口は国民に向けるべきではない」という価値観に基づいて反対してもいいと私は思う。それでクビにされるならそれでいい。ミリー大将が、軍を治安維持のために投入するような状況じゃないのに投入しようとしたトランプに対して明確に反論したのは、私は正しいと思う。

武居　それはそうですね。しかし、命令を出す前の反対ならすべきであるけれど、命令が下されてなら、たとえ反対であっても従うべきであると思う。前米太平洋艦隊司令官スコット・スウィフト大将は、ちょうど北朝鮮が核の実験を繰り返している時に記者から、「もし核兵器を使えと大統領から命ぜられたら、その命令に従いますか」と問われ、一瞬考えてから「大統領の命令には従います」と答えています。スウィフト大将は第7艦隊司令官をやった経験から、当然ながら核兵器の悲惨さや、投下された国に長く反米感情が残ることをよく理解しています。その上で、軍人は最終的には政治の決断には従うと言った。スウィフト大将の考え方は正しいんじゃないかと思う。

兼原　一般論で言うと、私たち文民の役人も全く一緒なんです。政治家には私たち役人の法制、予算上の細かい制約なんか分からない。だから、自分たちの政治的な都合で無理なことを言ってくることはあります。その時に、トップである事務次官に求められる判断基準は一つだけ。政治指導部の要請であれば、できることはぎりぎりまでやる。しかし、絶対できないこと、してはならないことはクビになってもやらない。

武居　まさにそれです。

兼原　役人は、セイフティ・マージンを可能な限り広くとろうとする。慎重な種族です。与えられた仕事を予算と法律範囲内で完璧にやろうとする。一方、政治家は国民の風を受けていないと墜落する。思い切り世論を受けて前に飛ぼうとする大胆な種族です。両者をつなぐのが官房副長官とか、各省庁の次官など、官界のトップです。政治指導者の指示は、スケールの大きな話が多い。当然、複数の役所にまたがるし、手当てするべき予算もない。しかし、政治指導者が指示した以上は、少々無理でも、部下にぎりぎりまでやらせる。官界代表の財務省は、この辺りの是々非々が徹底していて、総理に対しても絶対できないことは「できない」とはっきり言いますが、予算が10兆だろうが100兆だろうが、国のために必要なときは出す。今回のパンデミック対策がいい例です。

武居　それはお金の話でしょ。人の命ではない。自衛隊が他と違うのは、隊員の命がかかっているということです。統幕長の判断はそれだけ重いと思うんですよね。

尾上　でも、統幕長がそれを自分で決めるわけじゃなくて、助言をするわけですよね。

武居　統幕長がやるべきは、今ある装備と隊員の状況から判断して、総理に「いくつか可能なオプションがあります。人は何人死にます。こっちのオプションでは人は死にませんがオペレーションが長くなります。さて総理、どれにいたしますか？」とオプションを示すところまでです。総理が決断したら、「分かりました」と言って従う。出された結論に対して、公の場で「あれは間違いだった」と言うのは許されるのか。

岩田　命令系統は、防衛大臣の命令は統幕長を介して指令するようになっているから、大臣命令に対して統幕長は助言という形で意見を述べることはできる。そこで、「私は賛成できない。それでもやるというなら私は辞めます」と言えばいい。

武居　でも有事の極限状況で、本当に辞められますか？　辞められないのではないか？

岩田　辞表を出すべきだ。

武居　そうかな。議論が長くなって申し訳ありませんが、これはものすごく大事なところだから繰り返し聞きますけど、それは責任放棄になりませんかね。

岩田　いや、違うと思う。

兼原　それは違うと思いますよ。最後は辞めるしかないんですよ。だって上下関係だから。

武居　防大一期生で海上幕僚長と統合幕僚会議議長を務めた佐久間一《まこと》という海将がいました。佐久間さんは、海幕長として「なだしお」事件（1988年に潜水艦「なだしお」が遊漁船と衝突した事件）の最後の処理に当たり、また自衛隊にとって初の海外実任務であるペルシャ湾への掃海部隊の送り出しをしました。特にペルシャ湾への派遣準備は政治的には混乱を極め、大いに憤慨していた佐久間さんのところに、内田一臣元海幕長がふらっと訪ねてきてこう言ったそうです。「辞めるのは楽なんだよ。でもね、それは問題の解決にはならない」。つまり、辞めたら責任を後任者に押しつけるだけである、苦労しても自分で最後までやりなさいと。

兼原　「なだしお」事件のようなケースは、起きたことの責任を取るだけの話ですから、別に海幕長が責任を取る必要はない気がしますが。

武居　艦船や航空機の事故に限らず隊員の服務事故でも、組織の長の管理責任は問われます。それが「なだしお」事件のように、民間人を巻き込むような大きな事故になれば、海上幕僚長を含め管理者の進退は必ず問われます。私にはそこまでの経験はありませんが、在任中にイージス艦情報漏洩事件、護衛艦「しらね」火災事故、護衛艦「あたご」衝突事故などの大事故が立て続けに発生したときの吉川榮治元海幕長の心中はいかばかりだったか。情報が混乱し、発表事項が二転三転したこともあって、政治やマスコミから吉川海幕長は連日連夜叩かれました。しかも一つの事故が片付かないうちに次の事故が起きた。おそらく防衛省詰めの記者からは「いつ責任をとって辞めるのですか」という意味のない質問が繰り返し出たでしょう。吉川さんはよく耐えられ、事故の処理にめどが付いたところで懲戒処分を受けて自ら退かれました。栄誉礼を辞退され、防衛記念章も外されて。海幕長が辞めるという決断はそれだけ重いし、途中で責任を投げ出したなら、権限と責任を次の人に送ることにもなります。しかし、それでは問題解決にはならない。

兼原　でも政治的には大きなインパクトがありますよ。

岩田　仮に自衛隊として受け入れられないことを「統幕長、やれ」と言われて拒否して辞め、次の統幕長も同じ事を繰り返したら、政治家は考え直すはずです。だから、辞めるということは責任を取らないってことじゃないと思う。

武居　最初三つぐらいオプションを統幕長が提示し、その中から総理が選んだ。これについてはやる。責任持ってやらないといけない。

我々が用意しておくのは能力のポートフォリオです。アメリカの場合、そのポートフォリオの中には、核攻撃というオプションも入っている。仮に大統領が核兵器を使って北朝鮮を攻撃するという結論を出したときに、その作戦を担う将軍や軍人たちが良心の呵責を感じるかも知れませんが、能力的にはできるからオプションには入る。自衛隊の場合でも、能力上できるということなら、自分の意思に関係なく能力上できるオプションはすべて出すでしょう。でも、良心の呵責を感じるからといって拒否することは適切ではない。

岩田　それはやらなきゃいけない。自分がオプション出しているんだから。いまの話は、そもそもオプションとして最初に提示するか否かで分かれてくる。

武居　それだけ統幕長の判断は難しい。だから、少なくとも総理がどのような考え方をするかを把握した上で、軍事的なオプションを常に用意して示せるように準備しておかなければいけないということです。

尾上　政治と軍事の関係で非常に重要な議論なので、一言だけ。高坂正堯先生が、先の大戦の戦争指導を批判して、軍人は戦争に負けると判断したら負けると言わなければならない、と言っています。その先は政治の責任としても、それが軍人としての責務であり誠意だ、と。国家の命運が懸かる軍令の判断に対する姿勢として、私も肝に銘じていました。一方で、事故や不祥事については指揮官、或いは管理者として部隊指導の責任をどう果たすかということなので、その人なりの対処があっていいと思います。

「自衛隊員が戦いで死ぬ作戦」を本当に遂行できるのか

尾上　人の命が懸かる作戦について、実は、私も武居さんと同じような疑問をずっと持っています。他の自衛隊も一緒だと思いますが、航空自衛隊の演習でも、空自の戦闘機が多数撃墜されるシナリオになっているわけです。当然、落とされたパイロットを助けに行くレスキュープランも持ってはいますけれども、「本当にこんなに落とされていいのか？」ということを、私は北部航空方面隊司令官のときから疑問に感じていました。

海上自衛隊の図上演習を見たときも、護衛艦が結構沈むことになっていて驚きました。そこには一体、何人が乗っているのか。数百人単位で人が死ぬことになっている。本当にそんな作戦が継続できるのかというのは、私はずっと疑問に思っています。第二次大戦で日本が負けた理由はたくさんありますが、一番の理由は人の命を大事にしなかったことだと私は思っています。本当に、人を駒のように使って、たくさん死なせた。今の自衛隊は、もうそんなことができるはずがないし、やってはいけない。隊員の命を守る作戦を考えないといけないのに、我々がやっていた指揮所演習では多くの隊員が死ぬことになっている。これは一体何なのだ、と思っていました。

武居さんがおっしゃっていることは、多分そこにも関係しているのでしょう。尖閣諸島での軍事作戦をする時、あるいは北朝鮮のミサイル攻撃に反撃する時、本当に実行可能性がある作戦のオプションを我々は提示できるのか。「戦いで人が死ぬ」という状況を一度も目にしておらず、「もう二度と戦争はいやだ」と思う国民が大多数を占める中で、そうした状況も踏まえて、我々に何ができるのか。そこを突き詰めて考えきれているのか、と。正直、できていない、と思います。

55年体制下の空想的平和主義に、冷戦が崩壊して30年経った今でも、国民も自衛隊も毒されているのかも知れない。我々自衛隊は1回も防衛出動を命ぜられたことがありませんし、敵に対してミサイル1発、弾1発撃ったこともない。自分が撃った弾で血を噴いて死んでいく敵を目にする経験は、誰一人持っていないわけです。イラクに自衛隊を派遣した時、そういう状況が出そうになって、できるだけ現実的に準備はしましたけれど、煎じ詰めるとイラク復興支援は治安維持活動です。中国と本気でドンパチやるにはどうするか、というところまでには残念ながら踏み込めていない。そこが私の一番危惧するところなんです。

兼原　先ほど、国家安全保障局にいた時、運用の話が上がってこなかったという話をしましたが、そういうシナリオや演習をちゃんと定期的に政治家に見せるべきです。政治指導者は「それで、何人死ぬんだ？」と必ず聞きます。何百人、何千人の自衛官が死ぬ、と説明すると、政治指導者はものすごく反応します。当然です。自分の命令で千、万の単位で自衛官が死ぬ。皆、妻子がいる。老いた父母がいる。しかし、命令しなければ領土、国民の生命、財産が奪われる。最後には主権も奪われる。そこでの判断は、永久に日本の歴史に残る。その決断の重さを、日頃から分かっておいてもらう必要があるのです。当たり前の話ですが。

尾上　そういう話が今、曲がりなりにも総理にまで上がったということは大きな進歩だと思うんです。我々は、そういう政治家に提示できるオプションを、まだ用意し切れていない。統幕長は、それを用意しないといけない。また、空想的平和主義を脱却するためには、国民にも政治家にもそういうことを教えなきゃいけない。ハーバード大学ケネディスクールでは、新しく国会議員、議会議員になった人たちを集めて、安全保障だけでなく経済や技術の基礎的な部分を教えています（Bipartisan Program for Newly Elected Members of Congress）。今の国会議員の先生方で、安全保障を勉強した方がどれくらいいらっしゃるのか。

だから、ちょっと気の長い話ではあるんですけれども、そういうところから高坂正堯先生が言われた安全保障感覚、肌感覚で国防を感じ取る人を作っていかなければならない。そうじゃないと、さっきの技術の話もそうですけど、いつまでたっても民間の技術が軍事的にどういう意味があるかなんてことは、頭の片隅にも浮かばないんじゃないかなと思います。

兼原　安全保障は頭だけではなく、肚で考えるものです。生存本能に直結したガットフィーリング（gut feeling）が要る。それは狭い意味の戦闘に関する話だけではありません。最高指導者になったつもりで、国家の生存を自分の問題として考える生存本能が要ります。それが経綸です。そこが覚醒すると、国家間の力関係、軍備、兵站、財力、人口、経済成長、株価、エネルギー安全保障、海運、デジタル化、サイバーセキュリティ、国民保護、重要インフラ保護などと国全体の力を出し切るにはどうしたら良いかというところに、どんどん関心が向く。もちろん敵の武器の性能にも関心が向く。敵の最先端の武器の情報を何としても知りたいとも思う。日本では、55年体制下のイデオロギー論争で、この根っこにある軍事に関する常識や国家としての生存本能が、政治・経済エリートから蒸発してしまっている。リアルに考えているのはおそらく自衛隊だけです。

尾上　それで、これまた反省を込めて言いますが、演習をやっていても「ここから先は政治的判断」ということで逃げてしまうんですよ。だから、とりあえず事態認定があったことにして、そこからスタートする。そこの曖昧な部分、実際の戦闘に入るまでの政治と軍事の接際部の判断とそのプロセスが一番大事なのに、「自分たちが与えられている役割は、やれと言われたことをやることです」と逃げを打ってしまう。

兼原　私がお仕えしていた当時の安倍総理や麻生副総理には、外政家としての先天的な資質がありました。吉田茂総理や岸信介総理の家系も影響しているのでしょう。また、菅《すが》官房長官は、危機管理に非常に厳しい。地震、洪水といった危機になると、「ここで一歩誤れば地獄に堕ちる」くらいの研ぎ澄まされた感覚で、非常に厳しく官僚に指示されます。これまで戦争のような対外的な危機は幸いにしてありませんでしたが、いざという時の危機対応能力がとても高い人です。

しかし、この先、下手《へた》をしたら安保はやりたくない、聞きたくもないっていう総理が、再び出てくることもありうる。米国の大統領もそうですよ。オバマ大統領は軍人が嫌いだったと言われています。トップが変わって、どういう人が来ても、支え抜けるような事務的な体制が要る。統幕長も、どんなリーダーが来ても、ずしんと肚に落ちる案を常に携えておく必要がありますね。

シビリアン・コントロールのあり方

尾上　今の話にも関係するんですが、シビリアン・コントロールのあり方も変える必要がある。シビコンはネガティブからポジティブ、任務規定はポジティブからネガティブにする。

今までシビリアン・コントロールというのは、自衛隊が暴走して何かやり出すと困るから、それを抑え込もうというネガティブ・コントロールでした。ポジティブというのは、自衛隊を使って日本の安全保障をどうやって高めていくか、と。そういうポジティブ思考で自衛隊を活用する方向にぜひ変わってほしい。

政治家がそういう意識を持ったら、統合幕僚長に「今の状況で本当に大丈夫か」ということを聞いてもらって、統合幕僚長が「今の法律の枠組みだとここまでしかできませんが、ここをこう変えたらこういうふうになります」と言うことができる。それによって、ポジティブに自衛隊を活用する方向に変わっていくかも知れない。そういう形でシビリアン・コントロールをぜひ使っていただきたい。

任務規定はポジティブからネガティブというのは、今、自衛隊法には自衛隊の任務として、「これをやりなさい」ということが書いてあります。対領空侵犯措置やりなさい、弾道ミサイル防衛やりなさい、防衛出動を命じられたら武力行使しなさい、と。逆に言えば、書いてあること以外はやってはいけないんです。だから海上自衛隊の中東での情報収集活動やわが国周辺の警戒監視活動等は、防衛省設置法の調査・研究事務として実施している。これはこれで便利ではありますが、拡大解釈と言われるかもしれません。

武居　少しコメントしますと、自衛隊の前身の保安隊や海上警備隊は、警察や海上保安庁をベースに設置されましたから、法制度上も「やってよいこと」を列挙したポジリストを基本としています。警職法が「書いてないことは何でもやってよい」的なネガリストであったならば危険で仕方がない。これが自衛隊法に受け継がれた。

しかし、自衛隊は警察組織とは違って国際的には軍事組織ですから、やっていいことだけを書いてあるポジリストではなじまない場合がある。特に有事において行動に支障が出るおそれがある。そこで自衛隊法には防衛出動の権限として「国際の法規及び慣例によるべき場合にあってはこれを遵守」することが書かれています。

これまで、国際貢献など自衛隊法によってはカバーできない任務が増えるに従って、「何々ができる」という新たな条項が自衛隊法に付け加えられるか、一時的な任務には特別措置法（特措法）を作って当てられてきました。法律の解釈を変更する時も特措法を作るときも、その都度、新たな任務が憲法の禁止する武力の行使に該当するのではないかなどの議論が国会で繰り返されてきました。当然、法律ができるまでには長い時間がかかってしまう。この時間的なロスを少なくするため、あるいは自衛隊の部隊を派出しておいて事態の推移を見極めるために、防衛省設置法の調査・研究事務の規定が便宜的に使われてきたことは事実だろうと思います。

尾上さんが指摘された海上自衛隊の中東での情報収集活動も、日本国籍の船舶に被害が起きた場合などに海上警備行動に切り替える腹づもりで命ぜられたと承知していますから、便利に使われていると言われればそのとおりですね。

逆に運用者も、便利さゆえに、調査・研究事務の規定に甘えてしまう危険があります。2001年に米国同時多発テロが起きたとき、私は2隻の護衛艦を率いてオーストラリアの国際観艦式に向かって南下していましたが、国内でインド洋への海上自衛隊派遣の議論が熱を帯びてくるニュースに接して、調査・研究事務の名目でも何でもいいから、いつでもシドニー行きを取りやめて中東に向かえるように準備しておこうと勝手に考えたことがありました。2隻の護衛艦の艦長はベテランで幹部は俊英が揃い、乗組員は士気が高く、護衛隊全体として高練度の状態にありましたから、なんでもできる自信がありました。余分なコメントが長くなりました。

尾上　ありがとうございます。非常に分かり易い説明で、しかも最後の「勝手に考えた」という点が私の考えるポジリストの一番の問題に繋がります。つまり、ポジリストだと我々自衛官の頭が、明記された任務のことしか考えなくなってしまうということです。法律に書かれていることだけやっていればいい、あとは政治がダメだと言ってるんだから余計なことはするな、という話になってしまう。

どの国でも、軍は国の主権を守る行為の担い手ですから、国際法違反でなければ何をしても構わない。政治判断でやってはいけないことだけ、「これはダメ」と政治から示されます。もちろん、予め行動準則や交戦規則（Rules of Engagement）として決めておくものです。これがネガティブ・コントロールになるので、そういう形に変えないと、自衛官の思考自体が狭い範囲の中でぐるぐる回ることになってしまいます。北朝鮮も中国も自衛隊のシビコンのことはよく研究していますので、有事には必ずそこを衝いてくるはずです。現状のままでは政治のほうも、「どう自衛隊を使って日本の安全保障を高めるか」という意識にならない。ここが一番のポイントだと思います。

兼原　そう思いますね。国民の命を守るとか、この国の主権を守るっていう目的意識がないと、狭い任務の殻に自衛隊を閉じ込めてしまい、国を誤ります。これは我々文官も同じで、「何が国益なのか」という目的意識を忘れたら、狭い職務の範囲での合理性しか追求しなくなる。重箱の隅をほじくり返す専門馬鹿になる。経綸を失うのです。やたら小さな常識を振り回して、大きな常識を忘れて国の進路を誤る。国家全体を高い視点で見る目が潰れるのです。

尾上　今も変わらないのではと思いますが、現役当時は演習をやっているときも、分厚い防衛実務小六法を横に置いて、「これは事態認定の何になるんだ？」とか、やっていましたから。

武居　尾上さんの意見に全く同感です。私は海上自衛隊幹部学校の講義で、任務に関する自衛官の思考方法は外側から内側に向かって考えなければ駄目だと言っています。ある事態に直面したとき、対応するには我々は何をすべきか、どのような作戦が必要かと、まずは大きく広く考えて、それを法律の箱の中に押し込んでみる。当然法律からはみ出るところもありますから、次にそれらを関係法令に照らして適法かどうかを考え、法律の中に入るならそれで良し。はみ出ると思われる場合は、内局や法制局等に照会し、必要なら政治に上申して法律の解釈が可能かどうか、特措法を作る必要があるかどうか検討してもらって対応する。これを内側から外側に向かう思考でやれば、適法性にばかり目がいってしまい、法律の解釈の幅を自ら小さく狭くし、できる任務さえできなくする可能性があります。

自衛隊全部隊を指揮する「統合司令官ポスト」を作れ

兼原　最後に、自衛隊の組織強靭化について取り上げたいと思います。私は、自衛隊の指揮命令系統の最上層は、最高指揮官である総理から見て、すっきりと分かり易くて動かし易い組織にしなければいけないと思うのです。

ここで、三つ問題があります。

一つ目が、統合司令官の不在です。自衛隊の最高指揮官である総理を軍事的に補佐するのは統幕長です。統幕長は、上を向いて、総理の戦略指導を支えるためのポストです。ところが、今の自衛隊には、下を向いて、実際に自衛隊総軍を軍事的に統合指揮するポストがありません。

現在は、統幕長が双方を兼ねています。しかし、これは実際的ではありません。戦闘が始まれば、統合司令官は、分刻み、秒刻みの判断を求められ続けます。米インド太平洋軍とも密接な連携、連絡が要る。頻繁に官邸に呼び出されて総理の戦略的指導を補佐する統幕長に、統合司令官は物理的に務まらないでしょう。戦前は、参謀総長が陸軍の最高指揮官、軍令部総長が海軍の総合指揮官でした。戦前は統合幕僚監部（統幕）がありませんでしたが、統幕が出来た今日、自衛隊に統合司令官がいないのはおかしい。統幕副長を格上げするなり、独立した司令官ポストを創るなりしなければなりません。

第二に、統幕で軍事作戦を担当するＪ３（運用部）が余りに華奢なことです。たとえ統合司令官を作ったとしても、彼を支えるスタッフが弱小であれば、権限のない顕官にしかなりません。そもそも統幕が出来たのが２００６年です。小さく生まれて大きくするはずが、小さいままです。官邸の事態室と呼ばれる危機管理チームも24時間対応で１００名が常勤です。彼らは主として平時の自然災害対応が担当ですが、大地震、大津波、パンデミックのような想定外の事態には組織が引きつれます。ましてや戦争になれば、今の統幕の体力ではもたないでしょう。小さな紛争であれば、漫画の『空母いぶき』に出てくるように、どこかの地方総監のところに統合任務部隊（JTF：Joint Task Force）を作り、統合指揮権を与えることも考えられますが、台湾有事のような本格有事や、南海トラフ地震と朝鮮有事の複合事態では、やはり防衛省のある市ヶ谷で統合指揮を執らざるを得ない。しかし、今の統幕J3は余りに小さい。「いざとなったら幹部候補生を集めます」という言い訳を聞きますが、日頃から顔を突き合せておかなければ戦えないでしょう。戦前の大本営は、戦争の度ごとに設置される仮設の陸海統合本部でした。日露戦争以来開かれたことがなく、日中戦争に際して急ごしらえされましたが、形骸化して機能しなかった。私はそれが怖い。J3を抜本的に拡大して本格的な常設統合司令部を作るべきです。

最後に、軍令系の将のランクが低いことです。そもそも戦前の参謀総長に相当する陸上総隊司令官が出来たのが2018年です。それまでは陸幕では北部、東北、東部、中部、西部の5方面隊の総監が同等のランクで並んでいました。皆、三ツ星の中将クラスです。これでは陸上自衛隊が五つあるのと同じです。陸幕長は軍政サイドですから指揮権はありません。総理と防衛大臣が五つの陸上自衛隊を同時に指揮するなんてありえない。やっと陸上総隊が出来たと思ったら、これが五つの方面総監と同格でした。同格のランクでどうやって指揮するのですか。

今の仕組みでは陸上総隊司令官、自衛艦隊司令官、航空総隊司令官が皆三ツ星で、陸上自衛隊の方面総監と同じランクになっている。細かい話ですが背広組と比べると、統幕長が防衛次官、陸海空幕長が防衛審議官と同ランクです。防衛装備庁長官のランクの自衛官はおらず、陸上総隊司令官、自衛艦隊司令官、航空総隊司令官、陸自の北部、東北、東部、中部、西部の5方面総監が防衛政策局長並びとなっています。陸上総隊司令官、自衛艦隊司令官、航空総隊司令官は、防衛装備庁長官並びとし四ツ星にして、陸上自衛隊の方面総監よりワンランク上げれば、自衛隊の指揮命令系統がすっきりすると思うのです。

総理は、国家安全保障会議で統幕長、陸海空幕長等の軍政系の将と頻繁に接触されますが、いざという時に戦場に出ていく軍令系の将軍とは接点が少ないのが実情です。総理が自分の指示で死地に赴く兵を指揮する将軍と、平素から信頼関係を築かれることは大切なことだと思います。

いかがでしょうか。

武居　統幕長が総理補佐と自衛隊の指揮を同時にすることは機能的に無理がありますね。ご指摘のとおり、統合運用される全自衛隊部隊を総合指揮するポストはありません。このポストの必要性は東日本大震災のときに折木良一統幕長が身をもって経験されたとおりで、常設の統合司令部を作るのは折木さんの〝遺言〟だったのですが、それから9年経っても実現されていない。作るべきであるという気運は潮のように高まっては引き、再び高まっては引くを繰り返し今に至っていると思います。岩田さんと私が幕僚長の時代は気運が高まったのですが、その後実現には至らなかったようです。

双方を兼ねる無理について、前太平洋軍司令官ハリー・ハリス大将が「お前は俺のカウンター・パートではない」と統幕長に言ったと聞いたことがあります。太平洋軍司令官（現在はインド太平洋軍司令官）は太平洋地域に展開する全部隊の指揮官ですが、統幕長は自衛隊法の規定によって統合幕僚監部に所属する隊員の服務を監督するのが任務であって、総理や防衛大臣の命令を部隊に伝えるのが精一杯で、自衛隊を直接統括できません。自衛隊の事情に詳しいハリス大将は、作戦計画などを日米間で摺り合わせていくために、自衛隊にも常設の統合部隊指揮官を是非とも作るべきことを率直に指摘したと受け取りました。

実現を妨げている問題がいくつもあると思いますが、兼原さんが3番目に指摘された階級については、私の感覚にはしっくりこないところがあります。世界を見回して自衛隊ぐらいの規模の軍隊では、大将は各軍種に一人が普通です。少し小さくなれば、統合軍司令官が大将で、軍種のトップは中将です。オーストラリア国軍がそうですね。軍隊が小さくなればさらに低くなる。これが普通ではないでしょうか。仮に、統幕とは別に3自衛隊の作戦部隊を統括する常設統合部隊指揮官を創設するか、あるいは統幕に副幕僚長を作って部隊の運用を統括させる場合には、下に付く指揮官たちは中将クラスになりますから大将にしても良い。感覚として階級のインフレは良くないと思います。

次に考えられる障害は、陸海空の誰を常設統合部隊指揮官にするかという、まあどうでも良いことですけれど、各自衛隊にとっては一番関心の高い問題があります。統幕は各自衛隊から均等に隊員を派出してできて、いちばん人数の多い陸が海空の2倍派出しているということはありません。班長や課長の数も均等割りされていて、将官の数も決まっている。動くときは一緒に動かないとバランスが崩れますから、人事異動はいつも一苦労です。それなら統幕長はどうしているかというと、統幕を編成するときに、統幕長は幕僚長の中から最もふさわしい人物を当てることとされました。しかし、基本はそうですが、縄張り争い的な感覚はなくなっていません。もちろん3幕の幕僚長になる人物は素晴らしい人物が選ばれますから、誰が統幕長になってもおかしくない。そこで各幕の人事担当者は統幕長の交代時期を予測しつつ、偏りが生じないように将官の異動時期を調整しているのが実情です。私は、アメリカが始めたように、統幕長を含めた4人の幕僚長と常設統合部隊指揮官の人選は、何人かの候補者を出すところまでを防衛省がやって、最終的には最高指揮官の総理が決定するのが良いだろうと思います。総理に部隊指揮の責任を感じてもらうためにも制服組のトップの決定は自らしていただいた方が良い。ただし、政権が交代すれば将官人事が大幅に変わる韓国のように、軍が政治ばかりを気にして仕事をするようになってしまう弊害は避けなければなりません。

有事での統合幕僚長の役割

岩田　兼原さんご指摘の一つ目、自衛隊全ての指揮ですが、現状に問題があるのは武居さんも指摘されている通りです。

防衛省において、作戦運用の観点から大臣を支える役割は統合幕僚監部が担っており、この組織の長は統合幕僚長です。統合幕僚長は、防衛大臣を市ヶ谷の防衛省において軍事的な観点から補佐をするのみならず、必要に応じ、総理官邸に出向いて直接報告をします。事実、東日本大震災の際には、当時の折木統合幕僚長は、頻繁に菅《かん》総理に直接報告をしつつ、陸海空自衛隊の指揮及び米軍との連携を担っていました。その比率は総理及び防衛大臣の補佐が全体の約６割で、自衛隊運用に関わる時間よりも多かったと聞いています。自然災害ではなく軍事作戦となれば、政治対応の比率はさらに増加するでしょう。

ここまでのお話で触れられたような事態が複合的に生起した場合、統合幕僚長は、台湾における約４万人の邦人救出作戦を指導しつつ、尖閣諸島、与那国島、石垣島、宮古島など南西諸島の防衛作戦準備も指導しなければならないでしょう。この場合、陸海空自の戦闘力を全体として統合しつつ、それぞれの作戦地域において統合調整が確実になされるように指導することが重要です。離島に居住する国民の保護・避難に関しては、自治体等との緊密な調整も欠かせません。

同時にサイバー戦や弾道ミサイルへの対応、国内で発生する可能性の高いテロ・ゲリラ攻撃への対応、日本国内及び周辺で活動する米軍に対する後方支援、戦況推移に応じた離島奪回作戦に対する米国の同意の取り付け、日米共同作戦の準備……なども重要な役割となります。

この際、宇宙・サイバー・電磁波領域も含めた作戦指揮を統合一体化させなければなりません。米軍では、こうした複合領域の指揮を執る司令部の実際的な検討・検証を実施していますす。米国のマッカーシー陸軍長官は2020年1月、今後2年間で、複数領域で作戦を行う新たな組織を編制して、インド太平洋地域に配備する方針を明らかにしました。日本でも、将来的に空自が航空宇宙自衛隊になり、陸海空共同部隊としてのサイバー防衛隊が拡大されれば、領域横断作戦指揮は益々複雑になってくるでしょう。また忘れてならないのは、我が国が南西諸島や朝鮮半島に集中している隙をついて、ロシアが蛮行に及ぶ可能性も捨て切れないことです。北海道周辺における軍事活動に対して警戒・監視を怠らないこともまた統合幕僚長の役割となります。

いま、有事における統合幕僚長の役割をざっと挙げましたが、これらの役割を一人の人間が処理できるはずもないことは、容易に理解できると思います。この問題を解決するには、現在の統合幕僚監部に加え、陸海空自衛隊を指揮する「常時設置の統合司令部」を新設する案が一つ。もう一つは、財源が限られる中、新たな司令部を創るのではなく、現状の統合幕僚監部の中にある運用部門を独立させ、新設の司令官ポストを設置する案です。

こうした案に対する反論として、「屋上屋を架す組織は不要」という意見も聞いたことがあります。陸上自衛隊が平成30年に陸上総隊司令部を新設した際にも、同じように

「屋上屋を架す」の議論がありました。当時、陸自全体を指揮する司令部がないため、欠落機能としてその創設を要求したのですが、常設の統合司令部もまた同様に、欠落した機能を創設しようとするものです。

誤解のないように付け加えておくと、全ての命令の変更をこの常設の統合司令官が実施するという事ではありません。防衛出動や治安出動の命令は、自衛隊法上の手続きを経て、総理大臣により出されます。また行動開始後も、大きな作戦変更など閣議了解された対処基本方針の変更を要するような重要な事項は、当然のことながら再度閣議にあげられることになります。あくまでも政治決定された運用構想の範囲内において、陸海空の統合運用や部隊行動の細部に亘る事項に関し、統合運用に専念できる司令官とそのスタッフが必要だ、という事です。分単位、或いは秒単位で戦闘している現場においては、中央での1時間のロスは死活問題となりますから。

なお、兼原さんご提示の統合幕僚副長（統合幕僚監部における制服組のナンバー2）を各陸海空自衛隊司令官の1ランク上（公務員の指定職上）に格上げし、統合幕僚長が官邸等に出向いて不在の間、指示がしやすいように改善するという案ですが、これだと問題が残る可能性があります。統合幕僚副長はあくまでもナンバー2の位置付けにあり、部隊の指令権は依然統幕長に残ります。調整はできても指令はできないため、統合幕僚長不在時に軽易な部隊行動の命令が出せない、という根本的な問題の解決には至らないからです。やはり必要なのは指揮官です。

統合運用の強化に関し、防衛省は平成27年10月に運用企画局を廃止して統合幕僚監部に業務を一元化しましたが、このいわゆる「常設の統合司令部機能」に関しては、東日本大震災以降指摘されながらも、武居さんご指摘のとおり、9年間、改革はされていません。「31中期防衛力整備計画」には、「新たな領域に係る機能を一元的に運用する組織等の統合運用の在り方について検討の上、必要な措置を講ずる」とされていますから、具現化を急ぐべきです。

次に兼原さんご指摘の二つ目、統合運用部の勢力（人数）の件です。その必要性は兼原さんに述べて頂いているので付言しませんが、これまで実現しなかったのは、法定定員及び実員の増加は非常に難しいとの先入観にとらわれたまま、時が過ぎたからだと思います。東日本大震災の際は、陸自の各学校に勤務する佐官級を主体とした教官・学生を震災発生の数日後から逐次、統合幕僚監部、陸上幕僚監部、東北方面総監部などの司令部に緊急投入して勤務させ何とか凌ぎました。また有事の作戦においては、事態に応じた緊急増員のための計画があり、大きな演習においては、この計画に基づく実人員による検証も実施しているので何とかなる、という尺度もあり、それよりも現場の部隊への人員増加を優先してきたのが実態です。人件費は政治決定して頂くことが必要ですが、問題は佐官級の幹部が育つのには10年から20年の期間が必要なことです。無理をして現場の司令部・部隊から佐官級を一挙に集めるとそこに穴があき、戦えなくなります。その意味においても、増員を早く決心して、10年・20年計画で幹部を増やしていく事が必要です。

陸上総隊はなぜ作られたか

岩田　三つ目の階級・指定職に関する兼原さんのご指摘は有難く、またそのとおりだと思います。陸上総隊の編制を決定した責任は私にありますので、少し長くなって恐縮ですが、背景を説明します。

陸上総隊の編制上の着眼点は、人事・兵站等は陸幕、補給統制本部に要求し、「運用に特化」した編制にすることでした。中央即応集団（大臣直轄の機動運用部隊）を母体として、これを増強・改編する形で編制しました。また、各方面総監との指揮関係は、平時は上下関係を持たせず、有事において指揮権を付与する「有事オントップ」としました。

検討した編制案には大きく2案ありました。人事・兵站も全て自己機能として保持し、平時から有事に亘り各方面隊を指揮・統制できる「常時オントップ」の大きな組織にするというA案。もう一つは、実際に採用された案である、運用に限定した比較的小さな幕僚組織を設け、有事において方面隊を指揮下に収めるというB案です。

平時・グレーゾーンの段階から有事へのシームレスな運用を考えた場合にはA案が理想です。また陸上総隊司令官の立場に立てば、平時の段階から様々な準備や訓練など、多くの事を統制したいと思うはずです。一方でそれだけの大きな組織にする場合、中央即応集団を増強改編するだけでは不足する幕僚の定員を、どこから捻出するかという問題が生じます。平成22年当時の防衛大綱の組織改編案の段階では、東北方面隊と東部方面隊を一つの方面隊とし、1個方面総監部の財源を陸上総隊に充てることとしていました。しかしながら、平成23年の東日本大震災の対応から、東北3県の災害対応でさえ1個方面総監部が必要という教訓を得たことから、有事の国土防衛作戦において、東北・東部管内17都県を一つの方面総監部に任せるということは地域的な作戦統制機能を著しく低下させるため、この案は不適切という結論に至りました。

このような「有事において指揮権を付与する」という編制上の趣旨に加え、スクラップ&ビルドを前提とする行政機構における「財源」の壁との闘いがあります。陸上総隊司令官という本来、階級・指定職的には方面総監より上位であるべきポストを始め、多くの幕僚組織を増設することには、当然、予算が必要になる。司令部組織の創設が実現できたとしても、実際に戦う第一線部隊を削減することになったら、本末転倒です。第一線部隊の編制を重視し、これに影響を及ぼさず改編できる可能性を睨みながら、陸上総隊司令官を方面総監と同レベルにしたのです。有事の指揮はもちろんですが、平時においても、即応態勢の指定、駐屯地警備、警戒監視や情報収集、更には作戦準備や計画作成などに関しても指揮ができるように、省内の訓令により規定されていますので、同じ階級でも基本的に問題はありません。これは米軍でも同様です。米インド太平洋軍司令官は四ツ星ですが、米インド太平洋陸軍・海軍・空軍の各司令官も四ツ星で同格です。

最後に、兼原さんがおっしゃった、いざという時に部下の隊員を死地に赴かせる自衛隊指揮官と政治家が接点を持つべきだとのご意見は、有難く思います。階級は三ツ星であっても責任の重さは変わりません。ぜひ、そのような機会を設定して頂く事を期待しています。

兼原　日本の国として本当に必要なら財源が無くてもポストは出来ますよ。２０１４年に新設された国家安全保障局長のポストは、内閣官房副長官に次ぐ高位ですが、どこも財源なんて出していません。

自衛隊と自衛隊員の法的位置づけを明確にせよ

尾上　両先輩のお話を聴いて、統幕防衛計画部長として統幕の機能強化で苦労したことを思い出しました。折木統幕長から、東日本大震災の教訓を踏まえて、常設統合司令部の必要性やＪ３副部長の新設を検討せよと指示され、当時の岩田統幕副長と相談し、Ｊ３副部長は２０１１年９月の概算要求に計上し翌年何とか設置に漕《こ》ぎ着けました。常設司令部と統合司令官は、財源の問題で後任者へ申し送りました。これに関しては、統幕だけでなく各方面総監部・自衛艦隊司令部・航空総隊司令部の統合運用体制強化も必要であり、また統合司令官と各自衛隊の幕僚長・総隊司令官等との指揮関係など意見の分かれる問題もあって実現に至っていないのだと思います。統合司令官及び常設統合司令部の設置、もしくはＪ３の体制強化の必要性は皆さんのご指摘の通りで、必要な財源を政治判断で手当てして頂き、早急に措置する必要があると思います。

その上で、整理しておくべき課題をいくつか指摘します。まず、統幕の役割と統合運用体制のあり方をもう一度見直し、現状及び将来の要求に適合させる必要があります。統幕は、運用を一元化するという目的に限定して、とにかく発足させることが優先され、各幕はフォースプロバイダー（戦力提供者）、統幕がフォースユーザー（戦力運用者）という役割分担とされました。その結果、単一の自衛隊の運用も統幕が実施するとの原理主義的な解釈や、先ほども議論となった統幕の防衛力整備に関する役割の限定などの弊害を内包してきています。平成18年（２００６年）３月の発足後には、岩田さんが指摘されたように、運用局を取り込み大臣に対する運用政策面での補佐という役割が加わりました。また、最近の宇宙・サイバー・電磁波という各自衛隊に共通の基盤ともいうべき新領域が運用上も重視されるようになるなど、大きな変化が生じています。これらを踏まえて、統幕と統合運用体制をどのように進化させるのかを明確にする必要があります。

二点目に、統幕のグレーゾーンにおける作戦機能をどう考えるか、があります。尖閣諸島周辺の警戒監視や対領空侵犯措置はグレーゾーンの作戦であり、中国の次の一手に対し、自衛隊はどう対応するかということをＪ３は考えているはずです。その際、Ｊ３所掌の自衛隊の対応だけではなく、Ｊ５や報道官が所掌する戦略的メッセージの発信という情報戦も、外務省や官邸の国家安全保障局と一体となって実施すべきです。また、北朝鮮のミサイル発射の兆候に際し、米インド太平洋軍と整合性の取れた対応態勢をとるため政府のＰｏＣ（窓口）として機能するなど、24時間365日実施すべき業務を積み上げる必要もあると思います。これだけでも相当な仕事量ですが、その上に、本格的な有事や複合事態への対処計画策定や対応態勢の維持、また政治を入れた演習等の所要を見積もり、統幕、或いは統合司令部の編制を具体化しなければなりません。

最後に、イメージの問題も関係しますが、統合司令官という職位をどう位置づけ、政治や国民に説明するか、が重要です。統幕長の役割は、自衛官の最高の助言者として防衛大臣を補佐するという上向きの機能と大臣命令を執行するという下向きの機能の両方がありますが、統合司令官を置いた時に、この二つの機能を統幕長と統合司令官がどのように所掌するのかという点です。何となく、統幕長は上向きの機能、統合司令官は下向きの機能との了解があるように思いますが、そこはしっかりと詰めておく必要があります。また、「自衛隊からの安全」というネガティブな意味でのシビリアン・コントロールを重視する人には、3自衛隊の運用を握る統合司令官の権限は強大過ぎると映るでしょう。司令官候補者の適性評価と防衛大臣の任免権、また総理との信頼関係をどのように適正に保持するかなども考慮が必要だと思います。これらの課題への対応方針を固め、現役の皆さんに是非実現してもらいたいと期待しています。

統幕副長、或いは統合司令官と総隊司令官等の階級については、兼原さん・岩田さんの他省庁等との横並びに配慮する意見も、武居さんの部隊規模に応じた国際標準を基準とする意見も、どちらもなるほどと思います。私は実利と実現性を考えると、国際標準に合わせて現在の階級を格下げするのはお得ではないと思うので、兼原さん・岩田さんの格上げに賛同です。退官した後ではどちらでも実利はありませんが（笑）。

階級に関連してですが、そもそも自衛官の階級と職位について法的にきちんと定義されていないという本質的な問題があります。階級は自衛隊法32条で将から2士までとする、33条で制服を必要とする隊員の服制は防衛省令で定めるという規定があるだけです。幕僚長は、階級は将ですが階級章は四ツ星（幕僚長以外の将は三ツ星）とすることがどの法令に規定されているのか、ネットで検索しても見つかりませんでした。自衛隊員は特別職国家公務員という身分を与えられていますが、日本学術会議の会員も同じ特別職国家公務員だそうです。事程左様に、自衛隊や自衛官については警察制度や公務員制度の準用で済まされている。憲法改正の議論は重要ですが、発足して65年以上になる自衛隊と自衛官を国としてどのように位置づけるのかということを、階級や職位に伴う責任と権限、制服自衛官と私服自衛隊員の職務の違いなど具体的な問題に注目して、一つずつ改善していくことも必要だと思います。また、そのような議論を通じて自衛隊や自衛官に対する国民の理解も深まるのではないでしょうか。

日本の安全保障に対する10の提言

1　日米首脳会談で核問題を取り上げよ

日米首脳会談では、軍事問題が取り上げられることが滅多にない。しかし、日本の総理も米国大統領も、ともに軍の最高指揮官である。軍事に関する最重要問題は、核問題である。米国の核の傘をどう実効あらしめるか。台湾有事において中国に対し、朝鮮有事において北朝鮮に対し、米国の核の傘は本当に機能するのか。そのためには米国の戦術核はどのように配備、使用されるべきか。この問いを米国大統領に発することができるのは、総理大臣だけである。

2　総理決裁の統合軍事戦略を策定し、防衛大綱を防衛戦略に格上げせよ

日本の国家安全保障戦略体系には軍事戦略がない。主要なシナリオごとに、どう戦うのかという戦略がない。それで最高指揮官たる総理が指揮を執れるはずがない。同盟国である米国大統領と、有事に及んで軍事協議ができるはずもない。主要な戦局推移ごとの総理決裁事項を整理した統合軍事戦略を作って総理に報告し、決裁を得るべきである。

また、かつての防衛大綱に見られた「敵を想定しない」という基盤的防衛力構想は非現実的であり、現実の脅威対抗型に切り替えるべきである。防衛大綱は、どう戦うかという軍事戦略と平仄を合わせた真の防衛戦略へと昇華させるべきである。

3　台湾有事への対応を始めよ

今世紀前半に抑止せねばならない最大の地域紛争は、中国の台湾侵攻である。中国軍は、一貫して台湾侵攻準備に余念がない。台湾が侵略されれば、与那国島を始めと

する先島諸島は直接紛争に巻き込まれる。危機管理、有事対応は段取りが８割である。即応性のない態勢は有事には一瞬で破綻する。日米同盟の調整メカニズムがありながら、台湾有事が始まって突然、在日米軍との調整が始まるというようなことでは、国民の日米同盟への支持も保《も》つまい。日米間で十分な事前の協議が必要である。また、台湾との協議を静かに始めるべきである。

4　国の安全保障に科学技術予算を活用せよ

普通の国では、科学技術と安全保障は一体である。米国の科学技術予算は20兆円。うち国防総省関連が10兆円である。10兆円の開発費は基礎研究から応用研究、装備開発にまで及ぶ。一部は企業に流れる事実上の補助金である。これに対し、日本の科学技術予算は４兆円であるが、安全保障分野と遮断されている。防衛省の研究開発予算は１２００億円にすぎない。日本の学術界に根強い自衛隊に対する拒否感が原因である。防衛技術は、自衛隊員の命を守り、国民の命を守る技術であり、これを正すべきである。

AI、ロボット、バイオテクノロジー等の新興技術はいずれも軍民両用の技術であり、産官学の協力なくして、科学技術面での安全保障は成り立たない。産官学共同で千億単位の予算を支出しあい、安全保障に資する研究プロジェクトを立ち上げ、自衛官、防衛技官を含む政府技官、国立研究所の研究員、民間企業の研究者を一堂に集めて共同研究を行わせるべきである。

5 国防の不可欠な機能として防衛産業を位置づけ、育成・活用戦略を策定せよ

日本の防衛産業は自衛隊の任務遂行に密接不可分であるにもかかわらず、衰退の一途である。有事において防衛産業の製造、修理、技術支援等の能力を確保できていなければ、自衛隊は負ける。防衛産業の維持、育成を図ることは国家の責務である。

また、同盟国、友好国との防衛協力は、日本の安全保障にとって有益であるとの方針を明確にして、防衛装備移転三原則を見直し、防衛装備の輸出を国として積極的に推進、支援する必要がある。その際、単品の防衛装備を輸出するだけではなく、能力構築、教育訓練、整備補給等を組み合わせた包括的な支援事業を推進することが日本

の安全保障上有益である。

6　防衛大臣の下に装備開発委員会を設置せよ

今日、世界の軍事技術の進歩は驚異的に速い。このままでは、日本はついていけない。これに対応するためには、防衛大臣の下に装備開発委員会を設置し、装備開発から運用に至るプロセスを統合管理し、自衛隊の改革を加速度的に推進するべきである。まず統幕の下で各幕を糾合して最新の戦闘様相に対応する装備の開発要求を出し、内局でそれをどう予算化するか、装備庁でどう実際に開発するかを検討させ、その工程表を装備開発委員会で不断にチェックするべきである。スピード感が勝負である。

また、開発段階から新装備と関連して必要となるドクトリン、組織、訓練、兵站、指導、人事、施設（DOTMLPF）の総合的な変革を同時進行で進める必要がある。

7　統合幕僚監部に「統合司令官」と常設統合司令部を設けよ

統合幕僚長とは別に、自衛隊の統合作戦を指揮する「統合司令官」ポストの創設が必要である。本格的な有事にあって統幕長は、総理の傍らに座り、自衛隊に対する戦略指導を補佐せねばならない。刻々と変化する情勢に対応するには、別途、常に市ヶ谷にあってすべての統合部隊に対して指揮権を束ね持つ統合司令官が必要である。また、現在、インド太平洋軍司令官のカウンターパートが欠落している。統合司令官を新設し、平時・有事を問わず、インド太平洋軍司令官と常時緊密に連絡を取れるようにするべきである。

また、統合司令官を支える常設の統合司令部が要る。現在、自衛隊の作戦運用を担当する統幕運用部（J3）は、抜本的に拡充して統合司令部にするべきである。現在の華奢な体制では長期に亘る本格有事に耐えきれない。日頃の意思疎通、相互理解が十分でないと、本番の有事での統合作戦の立案および遂行に支障をきたす恐れがある。

8　自衛隊の軍令系の将を格上げして大将とせよ

自衛官の最高職位である統合幕僚長と、防衛力整備、教育訓練等（軍政）を担当する陸、海、空の各幕僚長だけでなく、自衛隊の作戦運用（軍令）を担当する統合司令官（新設）及び陸上総隊、自衛艦隊、航空総隊各司令官の計8将官に最高階級（4桜星章）を付与し、総理・防衛大臣に対する補佐体制の強化と指揮系統の簡明化を図るべきである。

陸上総隊司令官はかつての参謀総長であり、自衛艦隊司令官はかつての軍令部総長である。軍政系の陸海空幕長が四ツ星の7号俸であり、軍令系の陸上総隊司令官、自衛艦隊司令官、航空総隊司令官が三ツ星の5号俸という現状は是正すべきである。

また、こうすることによって、陸上総隊司令官を陸上自衛隊の北部、東北、東部、中部、西部の5方面総監よりワンランク上とすることができ、陸上自衛隊のメジャーコマンドの指揮命令系統がよりすっきりする。

9　有事対応の民間サイバーセキュリティを強化せよ

サイバー空間は、日本防衛のマジノ線である。サイバー空間には、時間と距離の感覚がない。平時と有事の区別もない。いくら陸海空の防備を固めても、サイバー空間を通じていきなり民間重要インフラが攻撃され、継戦能力を奪われれば、自衛隊は負ける。経済活動も止まる。軍事レベルのサイバー攻撃の烈度は高い。自衛隊の高いサイバーセキュリティの能力を、平時から民間の重要インフラ防護に活用するべきである。

現在、事業分野ごとの自主的対策に委ねられているサイバーセキュリティ対策では、軍事的なサイバー攻撃に対処できない。国の責任として、総理大臣の強力な指導の下、高い能力を保有する自衛隊及び民間事業者とその所管省庁の協力体制を早急に組み上げる必要がある。

10　有事対応のシーレーン防護に取り組み、エネルギー安全保障を強化せよ

エネルギーのほとんどを海外に依存する日本にとって、長大なシーレーン上に数珠つなぎになるタンカー等の日本商船隊は、日本の生命線である。有事に及んでどのようにして日本商船隊の安全を図るかを、資源エネルギー庁、国土交通省海事局、防衛省、自衛隊が知恵を出して考えておく必要がある。戦前、海軍は商船隊防護に真剣でなく、日本商船隊は壊滅した。あの過ちは繰り返せない。有事の際の迂回路設定や商船防護についての検討が必要である。また、エネルギー安全保障の前提として、エネルギー輸送を担う海運業、造船業の梃入《てこい》れが必要である。

岩田清文　1957年生まれ。元陸将、陸上幕僚長。
武居智久　1957年生まれ。元海将、海上幕僚長。
尾上定正　1959年生まれ。元空将、航空自衛隊補給本部長。
兼原信克　1959年生まれ。元内閣官房副長官補、
国家安全保障局次長。

Ⓢ新潮新書

901

自衛隊最高幹部《じえいたいさいこうかんぶ》が語《かた》る令和《れいわ》の国防《こくぼう》

著　者　岩田清文《いわたきよふみ》　武居智久《たけいともひさ》　尾上定正《おうえさだまさ》　兼原信克《かねはらのぶかつ》

2021年４月20日　発行
2022年４月10日　４刷

発行者　佐　藤　隆　信

発行所　株式会社新潮社

〒162-8711　東京都新宿区矢来町71番地
編集部(03)3266-5430　読者係(03)3266-5111
https://www.shinchosha.co.jp

地図製作　株式会社アトリエ・プラン
組版　新潮社デジタル編集支援室
印刷所　株式会社光邦
製本所　加藤製本株式会社

ISBN978-4-10-610901-0 C0231